中华传统食材丛书

总主编 魏兆军 陈寿宏

瓜茄卷

主编 董增 慈傲特

编委 殷琪 孙芊 李晓丽

国家出版基金项目
NATIONAL PUBLICATION FOUNDATION

合肥工业大学出版社

总序

健康是促进人类全面发展的必然要求，《“健康中国2030”规划纲要》中提出，实现国民健康长寿，是国家富强、民族振兴的重要标志，也是全国各族人民的共同愿望。世界卫生组织（WHO）评估表明膳食营养因素对健康的作用大于医疗因素。“民以食为天”，当前，为了满足人民日益增长的美好生活的需求，对食品的美味、营养、健康、方便提出了更高的要求。

中国传统饮食文化博大精深。从上古时期的充饥果腹，到如今的五味调和；从简单的填塞入口，到复杂的品味尝鲜；从简陋的捧土为皿，到精美的餐具食器；从烟火街巷的夜市小吃，到钟鸣鼎食的珍馐奇馔；从“下火上水即为烹饪”，到“拌、腌、卤、炒、熘、烧、焖、蒸、烤、煎、炸、炖、煮、煲、烩”十五种技法以及“鲁、川、粤、徽、浙、闽、苏、湘”八大菜系的选材、配方和技艺，在浩渺的时空中穿梭、演变、再生，形成了绵长而丰富的中华传统饮食文化。中华传统食品既要传承又要创新，在传承的基础上创新，在创新的基础上发展，实现未来食品的多元化和可持续发展。

中华传统饮食文化体现了“大食物观”的核心——食材多元化，肉、蛋、禽、奶、鱼、菜、果、菌、茶等是食物；酒也是食物。中国人讲究“靠山吃山、靠海吃海”，这不仅是一种因地制宜的变通，更是顺应自然的中国式生存之道。中华大地幅员辽阔、地大物博，拥有世界上最多样的地理环境，高原、山林、湖泊、海岸，这种巨大的地理跨度形成了丰富的物种库，潜在食物资源位居世界前列。

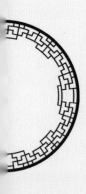

“中华传统食材丛书”定位科普性，注重中华传统食材的科学性和文化性。丛书共分为30卷，分别为《药食同源卷》《主粮卷》《杂粮卷》《油脂卷》《蔬菜卷》《野菜卷（上册）》《野菜卷（下册）》《瓜茄卷》《豆荚芽菜卷》《籽实卷》《热带水果卷》《温寒带水果卷》《野果卷》《干坚果卷》《菌藻卷》《参草卷》《滋补卷》《花卉卷》《蛋乳卷》《海洋鱼卷》《淡水鱼卷》《虾蟹卷》《软体动物卷》《昆虫卷》《家禽卷》《家畜卷》《茶叶卷》《酒品卷》《调味品卷》《传统食品添加剂卷》。丛书共收录了食材类目944种，历代食材相关诗歌、谚语、民谣900多首，传说故事或延伸阅读900余则，相关图片近3000幅。丛书的编者团队汇聚了来自食品科学、营养学、中药学、动物学、植物学、农学、文学等多个学科的学者专家。每种食材从物种本源、营养及成分、食材功能、烹饪与加工、食用注意、传说故事或延伸阅读等诸多方面进行介绍。编者团队耗时多年，参阅大量经、史、医书、药典、农书、文学作品等，记录了大量尚未见经传、流散于民间的诗歌、谚语、歌谣、楹联、传说故事等。丛书在文献资料整理、文化创作等方面具有高度的创新性、思想性和学术性，并具有重要的社会价值、文化价值、科学价值和出版价值。

对中华传统食材的传承和创新是该丛书的重要特点。一方面，丛书对中国传统食材及文化进行了系统、全面、细致的收集、总结和宣传；另一方面，在传承的基础上，注重食材的营养、加工等方面的科学知识的宣传。相信“中华传统食材丛书”的出版发行，将对实现“健康中国”的战略目标具有重要的推动作用；为实现“大食物观”的多元化食材和扩展食物来源提供参考；同时，也必将进一步坚定中华民族的文化自信，推动社会主义文化的繁荣兴盛。

人间烟火气，最抚凡人心。开卷有益，让米面粮油、畜禽肉蛋、陆海水产、蔬菜瓜果、花卉菌藻携豆乳、茶酒醋调等中华传统食材一起来保障人民的健康！

中国工程院院士

2022年8月

序

随着我国经济的发展，人们生活水平的提高，消费者不再仅仅满足于吃饱，对饮食的感官品质及功能特性也有更高的需求。我国地广物博，资源种类丰富，对传统药食两用的“瓜茄”类植物的功能特性进行汇总阐述，以加深人们对这类植物的认识，不仅有利于资源的保护、利用，对于建设富强乡村和发展新型农业也有一定的帮助，还可以推动高营养价值产品推向消费者市场，满足消费者对食品独特口味、营养价值和功能特性等方面的需求。消费者在选用食材的时候，不仅考虑它的营养价值，对食材的地道性、传统中医药作用及现代医学功能都有一定的关注需求，因此我们需要一部专门的书籍，用以普及相关食材的知识，展示传统饮食文化特色，供消费者购买食品时参考。

本书按照商品物性名称“瓜茄”，主要介绍了常见的冬瓜、南瓜、苦瓜、越瓜、蛇瓜、老鼠瓜等植物，有些是我国很早以前就开始种植的，在《黄帝内经》《伤寒杂病论》等医药书籍上面都有记载；有些是近代随着国际贸易、全球化引入我国的，在食用时间上有较大差异，对其功能的认识也有很大的差异。本书所涉及的所有类目特指人工栽培。为了全方位了解每个品种，本书对涉及该物种进行了科普介绍，以期满足消费者的需求。

本书共计收录了30种“瓜茄”类果蔬，主要从物种本源、营养及成分、食材功能、烹饪与加工和食用注意等方面进行综述，尽可能从文化、生长习性、营养价值等方面全面介绍每个物种。本书广泛收集并参考了传统著名的中草药书籍、国内外相关研究文献和教材，撰写内容具有较强的科学性和逻辑性；书中引入诗歌等对内容进行了拓展，以提高读者的阅读兴趣。

本书编撰人员都是长期从事食品科学技术的高校教师，他们从不同方面对本书的内容进行了完善。本书早期资料由殷琪、孙苹、李晓丽收集，后经董增、慈傲特对每个品种进行归类、完善、整理并撰写。本书对“瓜茄”类植物进行了详细介绍，对“瓜茄”类产品的生产、研发等具有一定的参考价值，可以作为从事功能食品类人员的科普书籍。

西北农林科技大学徐怀德教授审阅了本书，并提出宝贵的修改意见，在此表示衷心的感谢。

虽然本书资料的收集、整理、编撰以及后期的校稿都花费了大量的时间，力求编撰的内容科学合理，但是我们国家每个地区对同一种植物有不同的叫法，还有很多植物叫法相同却属于不同种类，我们尽了最大能力对其一一鉴别，但可能还有疏漏和不足之处，恳请读者批评指正。

本书的出版得到了安徽省“四新”研究与改革实践项目（2021SX161）的资助。

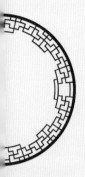

编　者

2022年7月

目录

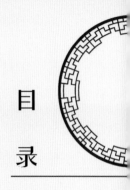

冬瓜

剪剪黄花秋复春，霜皮露叶护长身。
生来笼统君莫笑，腹内能容数百人。

——《咏冬瓜》（宋）郑安晓

一、物种本源

拉丁文名称，种属名

冬瓜［*Benincasa hispida*（Thunb.）Cogn.］，又名白瓜、东瓜、枕瓜等，是葫芦科冬瓜属一年生攀缘类草本植物。

形态特征

冬瓜形状为长圆柱状或近球形，体积较大，表面有硬的毛和白色的霜，有白皮、青皮、青黑皮三种，皮质非常硬，果肉厚实，其种子呈卵形。瓜熟之际，表面长有一层白粉状的东西，就像是冬天所结的白霜，因此，冬瓜又称白瓜。

习性，生长环境

冬瓜喜温、耐热，生长发育适宜温度为25~30℃，为短日照作物。叶面积大，蒸腾作用强，需要较多水分，但空气湿度过大或过小都不利于授粉、坐果和果实发育。对土壤要求不严格，沙壤土或枯壤土均可栽培。原产于我国南部、南亚和印度次大陆，现除高寒地带，世界各地均有栽培。

二、营养及成分

冬瓜中含有碳水化合物、膳食纤维、蛋白质、钾、维生素C等营养物质。每100克冬瓜的部分营养成分见下表所列。

碳水化合物	1.8克
膳食纤维	0.9克
蛋白质	0.3克

钾	65毫克
维生素C	27毫克
磷	14毫克
镁	5毫克
钠	0.2毫克
维生素B_3	0.2毫克
铁	0.1毫克

三、食材功能

性味 味甘、淡，性凉。

归经 归肺、大小肠、膀胱经。

功能

（1）减肥功效。冬瓜中所含有的丙醇二酸、葫芦巴碱能有效地抑制糖类转化为脂肪；冬瓜本身不含脂肪，热量不高，还含有丰富的膳食纤维，可以刺激肠道蠕动，去掉人体内多余堆积的体脂。另外，冬瓜中水分含量较高，能利水消肿，食用时会产生饱腹感，可以使人们减少对其他食物的摄入，从而控制总能量的摄入。

（2）利尿消肿。冬瓜的钾含量显著高于钠含量，属于典型的高钾低钠型蔬菜，对需进食低钠食物的人群有益。对动脉粥样硬化、肝硬腹水、冠心病、高血压、肾炎、水肿等疾病有良好的辅助治疗作用。冬瓜中的鸟氨酸、氨基丁酸、天冬氨酸、谷氨酸和精氨酸是去除人体内游离氨不可缺少的氨基酸，这些也是冬瓜发挥利尿消肿功效的物质基础。

（3）抗菌、抗氧化。冬瓜多糖对DPPH自由基具有较强的抑制作用，能够抑制大肠杆菌、金黄色葡萄球菌及枯草芽孢杆菌，其中对抑制大肠杆菌最有效。研究表明，冬瓜皮粗提物也具有一定的抗氧化功能。

（4）美容祛痘。冬瓜藤鲜汁用于洁面、洗澡，可使皮肤增白，让暗淡的皮肤有光泽，是天然的美容剂。冬瓜籽中的蛋白质和瓜氨酸可以润泽皮肤，抑制黑色素的形成；此外，冬瓜籽中的润肤美容成分油酸可以抑制人体内黑色素沉积。

四、烹饪与加工

冬瓜炖排骨

（1）材料：冬瓜、排骨、葱、姜、料酒、生抽、醋、盐等。

（2）做法：新鲜排骨冷水下锅，加姜、葱段、料酒煮开，去血去腥，再次清洗排骨放入砂锅中炖煮，炖至骨肉易分离时，放入切块的冬瓜，继续煮至冬瓜熟透，加入盐、葱叶、生抽、醋进行调色调味即可出锅。

冬瓜炖排骨

冬瓜烧甲鱼

（1）材料：冬瓜、甲鱼、料酒、盐、湿淀粉、姜、油、高汤等。

（2）做法：甲鱼宰杀洗净后，切成方块，放入盆中，加料酒、盐、湿淀粉拌匀。冬瓜去皮，洗净后切成2厘米厚的块状。姜块去皮，用刀拍松。炒锅加入油烧热，甲鱼入锅煸炒后，放入冬瓜，650毫升高汤，少许盐、姜块，盖上烧煮，待甲鱼、冬瓜烧至熟透，去掉姜块盛碗即可。

冬瓜海带汤

（1）材料：海带、冬瓜、油、盐、鸡精等。

（2）做法：将水倒入锅中，加入油，放入海带煮45～50分钟。将冬瓜去皮，切成约1.5厘米厚的块状，放入汤中，再煮至冬瓜软熟。将少许盐和鸡精放入汤中调味，起锅即可。

冬瓜荷叶茶

冬瓜皮、荷叶洗净，真空干燥，取一定量的干冬瓜皮、荷叶与决明子、橘子皮、红玫瑰、山楂、栀子、菊花等混合制成茶包，热水冲制成茶。

五、食用注意

（1）冬瓜性寒，故久病之人与阴虚火盛者应少食。

（2）冬瓜如用于解暑清热、止渴利尿，则需要连皮煮汤服食，但体弱肾虚者食之会引起腰酸痛。

（3）形体消瘦者不宜多食，否则会渗利伤阴，躁动浮火，不但使形体更加消瘦，还会出现阴虚火旺的症状。

传说故事

冬瓜的传说

相传，神农氏爱民如子，见天下百姓光有粮食没有瓜吃，便培育了瓜，并封“四方瓜名”，分别为东瓜（冬瓜）、西瓜、南瓜、北瓜。命令它们各奔封地，传宗接代，造福万民。西瓜到了西方，扎根沙土，长得又大又圆，汁多味甜。南瓜到了南方，爬墙生蔓结了果，既能当菜，又能当饭。北瓜到了北方，长出的瓜肉厚味甜，既可食用，又可药用，亦可供赏玩。唯独冬瓜怕东方海风大、南方天气热、西方风沙大、北方风雪冷，最后，不得不听从安排去东方安家。神农氏很高兴，说：“东瓜，东瓜，东方为家。”冬瓜反驳说：“应该是冬瓜，不是东瓜。”神农氏说：“冬天少菜，你喜欢叫冬瓜，就叫冬瓜好了。”冬瓜高兴极了，唱道：“天有四季分阴阳，春夏秋冬冬为王。地有四方明走向，东西南北东为王。”便高高兴兴地到东方去了。后来，南瓜、北瓜、西瓜听说冬瓜妄自尊大，便一起来责问冬瓜，冬瓜一气，把肚子胀得既大又长。它本来应该是冬天成熟的，但它怕冷，还没等到冬天，就催人们提前把它摘回家。人们便讥笑冬瓜说：“冬瓜冬瓜不见冬，个子大来肚子空。”

节瓜

满园藤蔓著金花，甘露清风育小瓜。
消暑除脂尤益气，美颜健胃足驱邪。
养生厨艺上千品，最爱时珍延岁华。
科属葫芦蔬果善，我效王婆多一夸。

——《节瓜》（现代）吴雁程

一、物种本源

拉丁文名称，种属名

节瓜［*Benincasa hispida*（Thunb.）Cogn. var. *chiehqua* How］，是葫芦科冬瓜属中冬瓜的一个变种，又称毛瓜、小冬瓜、北瓜等，为一年生蔓生或架生草本植物。

形态特征

节瓜植株的茎为黄色和棕色，具犁沟。叶柄厚，叶片呈肾状近圆形，裂片大部分为三角形或椭圆形，先端尖锐，边缘有小齿，叶背上的静脉略微凸起，并覆盖着密集的毛。雌雄同体，花单生。子房椭圆形或圆筒形，果实小，比黄瓜稍长而粗，成熟时粗糙，无白色蜡质绒被。种子椭圆形，白色或浅黄色，扁平，有边缘。

习性，生长环境

节瓜原产于我国南部，是广东、广西地区种植最广泛的瓜类之一，春、夏、秋皆可种植。节瓜喜欢高温，对日照时间没有严格的要求，喜欢潮湿，不耐涝。节瓜对土壤具有很强的适应性，但土壤的pH值优选为中性或弱碱性。最适合种植于土壤层深、排水性好、土质肥沃和疏松的沙壤土中。

二、营养及成分

节瓜中含有碳水化合物、膳食纤维、蛋白质、脂肪、维生素C、钾、磷等营养物质。每100克节瓜的部分营养成分见下表所列。

碳水化合物	3.4克
膳食纤维	1.2克
蛋白质	0.6克
脂肪	0.1克
维生素C	63毫克
钾	40毫克
磷	13毫克
镁	7毫克
钙	4毫克
维生素B_3	0.4毫克
维生素E	0.3毫克
钠	0.2毫克
维生素B_2	0.1毫克
铁	0.1毫克
锌	0.1毫克

三、食材功能

性味 味甘，性平。

归经 归脾、胃、大肠经。

功能

（1）缓解便秘。节瓜含有丰富的植物纤维，可促进肠胃蠕动，促进人体消化，还能保护肠胃。多食用节瓜可有效缓解便秘，从而让人们的肠胃更加健康。

（2）清热解毒。节瓜味清淡、甘甜，可清热、降火。

（3）补充营养。节瓜富含的蛋白质和碳水化合物均是人体所需的营养成分，是人体器官正常运作的前提，因此多食用节瓜可补充营养，还能起到增强体质的作用。

（4）美容养颜。节瓜含有丰富的维生素C和矿物质，这些营养成分可以补充身体以及皮肤所需的水分和养分，让肌肤变得更加水嫩。

四、烹饪与加工

蒸节瓜

（1）材料：节瓜、油、生抽、干贝丝等。

（2）做法：节瓜去皮，切成片状。蒸锅烧开水，加入节瓜，大火蒸20分钟后拿出，烧开油浇在节瓜上，用生抽拌入味，加入干贝丝即可。

蒸节瓜

清炒节瓜

（1）材料：节瓜、油、盐等。

（2）做法：节瓜去皮，切成片状。再向锅内加油烧热，倒入节瓜，大火翻炒，加入半碗清水，盖上锅盖，大火焖煮10分钟左右。最后加入适量盐，翻炒均匀便可出锅。

节瓜汤

（1）材料：节瓜、鸡肉、姜、油、盐、生抽、料酒等。

（2）做法：新鲜的节瓜清洗去皮，切成丝状。鸡肉切块，清洗干净，用姜丝、油、盐、生抽、料酒腌制调味。锅烧热后加入油，油热后加节瓜，炒出香味，加水和鸡块，炖熟，加盐调味。

白贝节瓜煲

（1）材料：白贝、节瓜、盐、姜、生抽等。

（2）做法：白贝加少量的盐泡1~30分钟，吐沙。姜切片，凉水放姜煮开，放白贝氽水，白贝打开壳后，用漏勺捞出，用清水洗净，除去没有打开和无肉的壳。节瓜切块备用。将节瓜块与白贝加水煮开，加适量盐和生抽调味即可。

白贝节瓜煲

五、食用注意

脾虚胃寒者少食。

延伸阅读

“吃瓜群众”顺德人

有这样一种瓜，它开的花和黄瓜花很像，但是皮比黄瓜硬，外形又和西葫芦有点相似，它就是节瓜。节瓜在岭南各地有着悠久的栽种历史，可以用来制作各种美食，广东顺德杏坛更是有黑毛节瓜宴。黑毛节瓜就长在塘边搭建的木棚里，有一个诗意的名字“水影瓜”。在杏坛桑麻村的节瓜宴上，有冰镇节瓜、鱼肉酿节瓜、拆鱼节瓜羹等各式菜肴，人们不得不被厨师的创意所折服，这里每个夏天都在上演关于节瓜的传奇。

佛手瓜

似拳似瓜名佛手，勤快农户家家有。
待到棉白稻金黄，亦蔬亦果两皆优。

——《佛手瓜》（现代）欧阳正宏

一、物种本源

拉丁文名称，种属名

佛手瓜［*Sechium edule*（Jacg.）Swartz］，为葫芦科佛手瓜属植物，又名合掌瓜、杧果南瓜、梨瓜、土耳其瓜、棒瓜、华人瓜、福手瓜、丰收瓜、番橡瓜、阳茄子、寿瓜、福寿瓜等。佛手瓜为多年生攀缘类草本植物。

形态特征

果实呈梨形，有明显的五条纵沟，瓜顶有一条缝合线。果色由绿色至乳白色，果肉乳白色，一个果实内只有一枚种子，果肉与种皮紧密贴合，不易分离。

习性，生长环境

佛手瓜性喜温暖，不耐热，也不耐霜，属短日照植物，在长日照下不能开花结果。日平均温度12℃以上时开始萌芽生长，适宜生长温度为18~25℃。我国栽培的佛手瓜有20多个品种，它们原产于墨西哥、中美洲和西印度群岛，于19世纪传入我国，在我国各地都有种植，以云南、贵州、浙江、福建、广东、四川和台湾数量最多。福建古岭和浙江金华的佛手瓜享誉国内外。近年来，佛手瓜的栽培已逐渐向北移至山东、河南、河北、辽宁等地，但只能用于一年生栽培，且产量低。

二、营养及成分

佛手瓜含有碳水化合物、膳食纤维、蛋白质、脂肪、钙、镁、铁、钾、钠以及多种维生素等营养物质。每100克佛手瓜的部分营养成分见下表所列。

碳水化合物	2.6克
膳食纤维	1.2克
蛋白质	1.2克
脂肪	0.1克
钙	50毫克
维生素C	22毫克
铁	4毫克

三、食材功能

性味 味甘，性凉。

归经 归脾、胃、肝、肺经。

功能

（1）降低胆固醇。佛手瓜提取物主要含有果胶型高半乳糖醛酸、Ⅰ型鼠李糖醛酸和半纤维素物质，包括葡甘露聚糖、木葡聚糖等，对肠道具有特殊的功能，可以降低胆固醇。

（2）保护心血管。佛手瓜中蛋白质和钙含量较高，且包含植物纤维和维生素，其维生素和矿物质的含量明显高于其他瓜类。佛手瓜热量非常低，且其含钾量高、含钠量低，是心脏病、高血压患者的健康食用蔬菜。

（3）抗氧化作用。佛手瓜苗富含硒元素，具有强抗氧化作用，可以保护细胞膜的结构和功能免遭损害等。同时，研究表明，从佛手瓜中提取的多糖和黄酮都具有良好的抗氧化活性。

四、烹饪与加工

酱香佛手瓜

（1）材料：佛手瓜、生抽、白醋、老抽、葱、姜、大蒜、白糖、盐等。

（2）做法：佛手瓜洗净、去皮，切成整齐的条状，撒上白糖和盐，混合均匀后放置阳光下凉晒除水，葱、姜、大蒜切片，将晒好的佛手瓜条和配料装入玻璃罐中，倒入调制好的料液腌制，腌制4天后即可食用。

酱香佛手瓜

清炒佛手瓜

（1）材料：佛手瓜、红辣椒、葱、姜、盐、生抽等。

（2）做法：新鲜的佛手瓜清洗后去皮，切成片状，红辣椒切成小块，起锅烧油，油热后加入姜、葱，出味后加入佛手瓜片、红辣椒，快速翻炒2分钟，加入生抽、盐调味，翻炒均匀后出锅。

清炒佛手瓜

凉调佛手瓜

（1）材料：佛手瓜、辣椒、盐、生抽、醋、香油等。

（2）做法：佛手瓜去皮后切成丝，起锅烧热水，水开后放入佛手瓜丝漂烫，水开即捞出。放入凉开水中冷却，再次捞出装盘。加入辣椒、盐、生抽、醋、香油等进行调味，吃起来清脆爽口。

五、食用注意

由于佛手瓜具有性凉的特性，因此阴虚、体热和体质虚弱者应少食佛手瓜。

传说故事

佛手瓜的来历

传说春秋时期，东百越地区来了一位美丽的公主，她是楚庄王的三女儿，名叫妙善。妙善从小就很有爱心，经常帮助贫苦百姓，其父对妙善的行为却不够理解，为此父女二人常常争吵。妙善死后，投生复活于普陀山附近一个水池中的莲花上。从此她普度众生，行善天下，人们都称她是观音再世。后来楚庄王得病，垂危之际，女儿不计前嫌，砍下自己的双手，化为双手合十状的果实，挖下自己的双眼，植入果实中，救活了父亲。楚庄王病愈，命能工巧匠为女儿塑造全手全眼的塑像，谁知工匠听成了千手千眼，结果就塑成了现在所见到的千手千眼观音像。因为果实是观音菩萨的双手幻化，菩萨乃大佛化身，人们故而命名为“佛手瓜”。

葫芦

曾佐诗仙块垒浇，也同鲁直倍逍遥。
医家亘古悬壶梦，药力中藏不易消。

——《葫芦》（现代）关行邈

一、物种本源

拉丁文名称，种属名

葫芦［*Lagenaria siceraria*（Molina）Standl.］，为葫芦科葫芦属植物，又名葫芦瓜、蒲瓜、长瓠、长瓜、天瓜、壶卢、瓠瓜、腰舟、甘瓜、扁蒲、龙蜜瓜等。葫芦为一年生攀缘类草本植物。

形态特征

葫芦植株的茎、枝具沟纹，被黏质长柔毛，老后渐脱落，变近无毛。果实初为绿色，后变白色至黄色。由于长期栽培，果形变异很大，因不同品种或变种而异，有的呈哑铃状，中间缢细，下部和上部膨大，上部大于下部，长数十厘米，有的仅长10厘米（小葫芦）；有的呈扁球形、棒状或杓状，成熟后果皮变木质。

习性，生长环境

葫芦喜欢温暖、避风的环境。喜排水良好、土质肥沃的平川及低洼地和有灌溉条件的岗地。现我国除高寒地区外均有栽培。

二、营养及成分

葫芦中含有碳水化合物、膳食纤维、蛋白质、钙、磷、维生素C等营养物质。每100克葫芦的部分营养成分见下表所列。

碳水化合物	2.7克
膳食纤维	0.9克
蛋白质	0.6克

脂肪	0.1克
维生素C	10毫克
钙	6毫克
磷	1毫克
铁	0.1毫克

三、食材功能

性味 味甘、淡，性平、微寒。

归经 入肺、脾、肾经。

功能

（1）增强免疫力。葫芦籽能增强机体免疫力、健胃消炎、抗菌强体、润肠通便、调节人体平衡，对肺炎、阑尾炎有辅助治疗作用。

（2）抗氧化作用。葫芦含丰富的维生素C、胡萝卜素以及多种对人体有益的矿物质等，这些营养物质在一定程度上能调节人体生理功能，具有消炎、清热、化痰、利水、通淋等作用，可协调身体的新陈代谢。

四、烹饪与加工

葫芦炒韭菜

（1）材料：葫芦、韭菜、大蒜、油、盐、生抽等。

（2）做法：将葫芦洗净切成细丝，韭菜洗净切成2厘米长的段，大蒜切成末。炒锅烧热放油，放入蒜末、盐，再放入葫芦丝，快速翻炒至软。倒入生抽，放入韭菜段，炒匀即可出锅装盘。

葫芦炒肉

（1）材料：葫芦、肉、料酒、淀粉、油、花椒、蒜、姜、生抽、蚝

葫芦炒肉

油、白糖、盐、鸡精等。

（2）做法：一个嫩葫芦去皮、去瓤、切片，肉切片后加料酒和淀粉腌制10分钟。锅中加油烧热，放几粒花椒炒香。放入蒜片、姜丝和肉，炒制肉片发白。放入切好的葫芦片，翻炒均匀。最后加生抽、蚝油、白糖、盐、鸡精翻炒均匀即可。

低糖甜葫芦果脯

挑选新鲜、无病害的甜葫芦，用流动水洗去附着于表面的杂质。将甜葫芦进行去皮和切片，再置于沸水中烫漂。在煮制渗糖之前先将甜葫芦浸泡在30%蔗糖溶液中6小时，进行低温渗糖，然后煮制渗糖，最后微波干燥。

葫芦降糖饮料

用葫芦、纯净水、食品级香精（青苹果味）、木糖醇制成饮料。该饮料色泽深青、口感清爽，是一款适合广大糖尿病患者饮用的功能性降糖饮料。

五、食用注意

（1）脾胃虚寒、风湿腹痛、大便溏泄者不宜食用。

（2）葫芦若作为蔬菜食用，不应施用过多氮肥。若氮肥过多而日照不足，可能会产生轻微毒性，食用时宜慎之。

传说故事

神葫芦的传说

上古洪荒年代，人烟稀少，可偏偏有几个冤孽对上天不敬，惹得玉皇大帝大怒，下令雷公雨师湮灭人类。雷神很是着急，他害怕自己的骨肉（伏羲和女娲）难逃劫难，便给了伏羲一颗神奇的葫芦种，让他种下，并教给伏羲一个逃避洪水的办法。

说来也神了，这葫芦一种入地，一个时辰扎根，两个时辰发芽，三个时辰生枝，四个时辰开花，五个时辰结葫芦，六个时辰葫芦就长大了。长得比谷囤还要粗，还要大。七个时辰掐不动，八个时辰就成熟了。到了第九个时辰，伏羲和女娲在葫芦上开了个盖，把吃的、喝的、穿的、用的全都放进葫芦里。伏羲对人们说："赶快逃命吧，洪水就要来了！"可是，谁也不相信他的话。伏羲就拉着女娲进了葫芦，盖上了葫芦盖。

不到半个时辰，就听见雷声滚滚，狂风咆哮，暴雨倾盆，雨一直下了九天九夜。他们躲在葫芦里，随水飘荡，饿了吃，渴了喝，困了睡，囚了九天九夜。后来，雷不响了，风不刮了，雨不下了，伏羲打开葫芦盖一看，四面八方一片汪洋，他们兄妹俩躲在葫芦里才逃过了这一劫。

瓠子

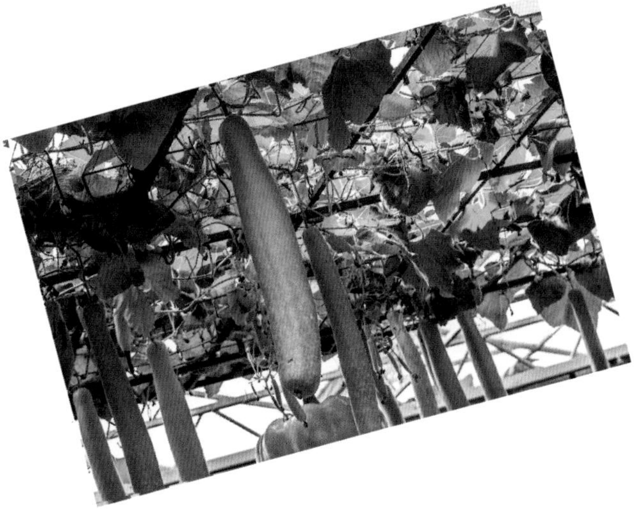

沈璧馀瓠子，横汾怀帝歌。
波涛满眼送，城郭没年多。
虎战仍三晋，龙游失九河。
宋人饶事迹，今望亦滂沱。

——《瓠子》（明）李梦阳

一、物种本源

拉丁文名称，种属名

瓠子［*Lagenaria siceraria*（Molina）Standl. var. *hispida*（Thunb.）Hara］，为葫芦科葫芦属一年生攀缘类草本植物。又叫作甘瓠、甜瓠、净街槌等。

形态特征

瓠子子房呈圆柱状。果实粗细比较匀称，且呈圆柱状，直或稍有弓曲，长度一般为60~80厘米。初为绿色，后变白色至黄色。种子白色，倒卵形或三角形，顶端截形或2齿裂，稀圆，长约20毫米。花期在夏季，果期在秋季。果实嫩时柔软多汁，可作蔬菜。

习性，生长环境

瓠子喜温，对光照条件要求高，阳光充足时病害少，生长和结果良好且产量高。瓠子对水分要求严格，不耐旱又不耐涝。我国大部分地区均有栽培，长江流域一带广泛栽培。

二、营养及成分

瓠子中含有碳水化合物、膳食纤维、蛋白质、脂肪、钾、钙、镁、钠、维生素B_3、铁等营养物质。每100克瓠子的部分营养成分见下表所列。

碳水化合物	2.7克
膳食纤维	0.8克
蛋白质	0.7克
脂肪	0.1克

钾	87毫克
钙	16毫克
镁	7毫克
钠	0.6毫克
维生素B_3	0.4毫克
铁	0.4毫克

三、食材功能

性味 味甘、淡，性寒。

归经 归心、肺、肝、肾、膀胱经。

功能

（1）增强机体免疫功能。瓠子含有蛋白质及多种微量元素，有助于增强机体免疫功能。同时，瓠子中含有丰富的维生素C，能促进抗体的合成，提高机体抗病毒能力。

（2）润肺、止咳、解渴。瓠子有非常好的清热去火的功效，瓠子水分很充足，因而多吃瓠子可以润肺、止咳、解渴。对于经常上火、口干、肺脏燥热的人而言，瓠子有非常好的滋补养生功效。

四、烹饪与加工

清炒瓠子

（1）材料：瓠子、红辣椒、油、盐、鸡精等。

（2）做法：把瓠子切片，红辣椒切丝。锅热后，倒入适量的油，放入瓠子、红辣椒用中火翻炒。翻炒的过程中，分三次点水翻炒，以便瓠子熟得均匀且口感好。翻炒五分钟左右放盐、鸡精调味后起锅。

清炒瓠子

瓠子塞肉

（1）材料：瓠子、猪肉、大米、淀粉、盐、生抽等。

（2）做法：瓠子洗净去皮，两端切去少许，切成段，挖去籽备用。猪肉洗净切碎，剁成肉末，加入大米，加淀粉、盐、生抽等调味品拌成馅。然后将瓠子心内抹上淀粉，塞入肉馅，两头用淀粉按平。放入锅内，加开水适量（淹没瓠子一半即可），再加盐、生抽等，烧开后，用文火焖烧，待瓠子发软，肉馅熟时即可。

瓠子塞肉

瓠子饼

（1）材料：瓠子、盐、鸡蛋、面粉、鸡精、油等。

（2）做法：新鲜瓠子洗净，切成丝状，加入适量盐腌制片刻。腌好的瓠子水分不要倒掉，加入一个鸡蛋、适量面粉搅拌均匀。再加入鸡精，若比较干再加入适量的水，使其成糊状。冷锅加入少量油烧热，舀一勺面糊倒入锅中摊平，等贴锅的一面呈焦黄色时翻至另一面。等两面都摊成焦黄色时，说明瓠子饼已经熟了，此时便可出锅。

瓠子干

选用新鲜瓠子，将其水煮后切开晾干或者烘干，并使之呈直条状，便可在常温下长时间保存。只要略加浸泡，便可用于后续烹调。

五、食用注意

（1）苦的瓠子不可食用。苦的瓠子含有一种植物毒素——碱糖苷毒素，该毒素加热后不易被破坏，误食后会引起食物中毒。

（2）虚寒体质的人不能食用瓠子。瓠子属于较为寒性的食材，虚寒体质的人若食用瓠子会造成腹痛、腹泻，不利于身体健康。

瓠子山的传说

瓠子山位于武汉东西湖区柏泉中部偏北处，是一座山体不高、方圆不阔的小丘岗，孤立于湖原之上。大概因丘岗形如瓠子而名瓠子山。

瓠子山在民间流传着一段美丽的神话。相传许久以前，瓠子山本是一座独立而高耸巍峨的大山。那时山下住着一户人家，夫妻二人以种田为生，辛勤耕耘，日子勉强支撑，可惜老来无子，唯有一头大牯牛相依。老汉日出而作，日落而息，对大牯牛十分爱护，精心喂养，夏天常给大牯牛冲洗皮毛，冬日把牛棚拾弄得暖暖和和。春夏之季早晚放牧大牯牛于山下吃鲜嫩的露水草。日子久了，大牯牛颇通灵性，和老夫妻有着深厚的感情，喜忧相系。

某年，老汉在屋后种了一棵瓠子秧。渐渐瓜蔓粗壮，叶繁花盛，竟然结了一个很大的瓠子。老夫妻见了喜之不胜。一日清晨，老汉牵着大牯牛去山后放牧，大牯牛望着老汉露出了愉悦的眼神。老汉并未在意，谁知当他们走到屋后时，大牯牛忽然挣脱套绳，径直去到瓜架旁，衔起那颗大瓠子即朝山后奔去。老汉一时手足无措，急忙追去。突然一声巨响，山石迸开一条约三尺宽的裂缝，大牯牛立马冲进裂缝，老汉也顾不了许多，跟着扑了进去，扯住了牛尾。眼前一片漆黑，只得跟着大牯牛向前走，走着走着，忽然眼前一亮，老汉定睛一看，山中别有一番洞天。大牯牛带着老汉遍游各处，每到一地人们都非常热情好客。宽敞的屋舍，豪华的衣着，绿树翠竹，优美的田园风光犹如仙境。不觉已是午后，老汉催着大牯牛往回走，于是仍寻来路，出得山缝，夕阳西下，再回首望，哪还有什么山缝，仍然是草木浓郁，山石依然。再看大牯牛，全身挂满金银珠宝，只是不见了瓠子。老汉回到家里，将牛身上的金银珠宝都取下放好。第二天，老汉对大牯牛说：“昨天我俩奇遇，得来许多的金银珠宝，这是神仙所赐，我们应该将这些金银珠宝分给山村里的穷苦人们。”大牯牛像很理解似地连连点着头。于是老汉将得到金银珠宝的奇遇讲给人们听，并把所得财宝分给穷苦人们。穷人们感动不已，更加辛勤劳作，日子一天天好起来了。

第二年，山前一老财，财迷心窍，贪得无厌，对老汉的神遇垂涎已久。一日，他也仿效老汉牵着牛去山后转悠。果然山洞大开，老财迫不及待直赶牛入洞。进洞后，他一眼就看见一座金库，金光灿灿。他急忙踏进金库扒了满满一袋金子，拔腿就往洞外跑，哪里还顾得上什么牛。忽然吠声四起，群狗追咬。老财慌不择路，丢掉金袋，腿也被狗咬伤，又踢到一块尖角石头，割断了脚筋，偷金不成反成了跛子。这是神灵对老财的惩罚，百姓无不称快。当地人们为了感谢大山给大家带来的幸福生活，就把这座山叫作瓠子山。

黄瓜

菜盘佳品最燕京，二月尝新岂定评。
压架缀篱偏有致，田家风景绘真情。

——《黄瓜》（清）爱新觉罗·弘历

一、物种本源

拉丁文名称，种属名

黄瓜（*Cucumis sativus* L.），为葫芦科黄瓜属植物，又名胡瓜、王瓜、刺瓜、青瓜、啬瓜、酥瓜、勤瓜等，为一年生蔓生或攀缘类草本植物。

形态特征

黄瓜按外形可分为刺黄瓜、鞭黄瓜、秋黄瓜三种。刺黄瓜的品质最好，呈棒状，表面有突起的纵棱和果瘤，瓜把稍细，瓤小籽少，肉质脆嫩，生食最好。鞭黄瓜呈长棒形，形状似鞭，表面无棱和瘤，无刺毛，光滑，瓜皮浅绿色，顶端透黄色，瓜肉薄，瓜瓤大，肉质软，品质较次，生食、熟食均可。秋黄瓜呈棒形，表面有小棱和小刺毛，肉厚，瓤小肉脆，水分多，品质尚佳，生食、熟食均可。

习性，生长环境

黄瓜喜温暖，不耐寒冷。生长发育适宜温度为10～32℃。一般白天25～32℃，夜间15～18℃生长最好。黄瓜产量高，需水量大，喜湿而不耐涝、喜肥而不耐肥，宜选择富含有机质的肥沃土壤。我国各地普遍栽培，现广泛种植于世界温带和热带地区。

二、营养及成分

黄瓜中含有碳水化合物、蛋白质、膳食纤维、脂肪、钾、钙、磷、镁、维生素C等营养物质。每100克黄瓜的部分营养成分见下表所列。

碳水化合物	1.6克
蛋白质	0.7克
膳食纤维	0.5克
脂肪	0.2克
钾	0.1克
钙	24毫克
磷	24毫克
镁	15毫克
维生素C	9毫克
钠	5毫克

三、食材功能

性味 味甘，性寒。

归经 归胃、小肠经。

功能

（1）抗氧化活性。研究表明，黄瓜中的多糖和黄酮提取物有较强的清除自由基的能力和还原性，并且在一定质量浓度时，样品溶液的部分抗氧化指标接近维生素C的自由基清除能力。

（2）保肝、护肝作用。从黄瓜中分离出来的葫芦素B可调节肝功能白蛋白浓度，刺激细胞免疫功能，提高血浆中cAMP与cGMP的比率，从而对慢性肝炎有效。葫芦素B对四氯化碳所造成的肝损伤有一定的保护作用。

（3）抗衰老、美容作用。新鲜黄瓜富含维生素C，充足的维生素C可抑制体内自由基、过氧化脂质等的形成，从而延缓人体的衰老。皮肤的生长、修复和营养都离不开胶原蛋白，维生素C能帮助人体合成胶原蛋白，且能与皮肤上的黑色素反应，并抑制黑色素的形成，起到美容美白的作用。

大蒜炒黄瓜

（1）材料：大蒜、黄瓜、油、盐、味精等。

（2）做法：大蒜切碎，黄瓜切成薄片，将两大匙油倒入锅中加热，放入黄瓜、大蒜、盐、味精，高火翻炒5分钟即可。

大蒜炒黄瓜

黄瓜炒虾仁

（1）材料：黄瓜、盐、虾、料酒、油、葱、姜、白糖、小米椒、淀粉等。

（2）做法：把黄瓜去皮，从中间剖开，再切成菱形块，装盘备用。在黄瓜上撒一点盐，拌匀。虾仁提前用料酒拌匀。热油锅里放葱末、姜末炝锅，倒入虾仁翻炒几下，加一点白糖（去腥味），再炒几下出锅。葱末和蒜末炝锅，倒入黄瓜翻炒几下后，把炒好的虾仁也倒进去，加入小米辣，放盐、水、淀粉，收汁后便可出锅。

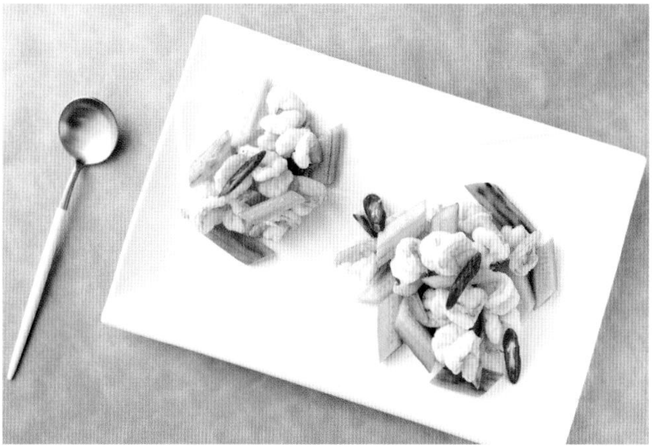

黄瓜炒虾仁

黄瓜酱菜

挑选鲜嫩黄瓜后清洗干净，装罐加盐除水，控干后腌制，采用干腌法，一层黄瓜、一层盐，每天翻一次，使得腌制均匀，连续一周后取出胚，加入甜面酱、白砂糖、味精、香辛料进行腌制调味。

酸黄瓜

挑选鲜嫩小青黄瓜洗净，瓶子洗净杀菌，将黄瓜、辣椒、蒜、多香果、香叶放入瓶中，倒入开水，15分钟以后把水倒出，再加入醋、糖、盐和煮的香料水，黄瓜全在液面以下，密封腌制。

五、食用注意

（1）不宜多食黄瓜腌制品。黄瓜腌制品中含盐量高，且含一定量的亚硝酸盐，对高血压、心衰患者不利。

（2）不宜多食黄瓜，多食易于积热、生温，小儿多食易生疳虫。

（3）胃寒腹泻者应少食黄瓜，以防肠炎、痢疾病情加重。

传说故事

黄瓜名字的由来

汉武帝时期，张骞出使西域，带回了大量的奇珍异宝，黄瓜就是其中之一。因是从西域带来的，而当时的中原人将汉族以外的人都统称为胡人，所以黄瓜也和芝麻（胡麻）、核桃（胡桃）、蚕豆（胡豆）等物品一样，名字中也有一个胡字，被称为胡瓜。

但胡瓜这一名字并没有在黄瓜身上使用多久，后赵皇帝石勒因出生于北方的羯族，很讨厌有人在称呼北方民族时带上“胡”字，他认为这是一种歧视，于是制定了一条法令，让全国人在说话以及写文章的时候不得出现“胡”这个字，违者问斩。此令一出，无人敢违抗，但有一次出了意外。

一天石勒召见地方官员，襄城郡郡守樊坦穿着一身破破烂烂的衣服就来了，石勒大感诧异，不满樊坦的态度，于是怒道：“樊坦，你为何衣冠不整就来朝见？”

樊坦顿时有些慌张，紧张之下随口答道：“这都怪那些胡人没有道义，把我的衣物全部抢掠而去，害得我只好衣衫褴褛地来朝见陛下。”

这才刚说完，樊坦就意识到自己犯了忌讳，顿时一个哆嗦趴在地上磕头请罪，而石勒看他一介书生，又已经知罪，就没有再继续怪罪下去，不过却是在心里小小地记了一笔。

于是等到午膳时间，石勒忽然指着一盘胡瓜问樊坦：“卿知此物何名？”

樊坦怎么会不知道这是胡瓜，但也明白石勒是在故意考问他，于是灵机一动，恭恭敬敬地回答道：“紫案佳肴，银杯绿茶，金樽甘露，玉盘黄瓜。”石勒对于这一答案大为满意，于是不再追究樊坦的过失。

也正是因为如此，胡瓜从此被称为黄瓜，一直流传到了现在。

白兰瓜

四海分销美誉生，杂糅两脉在金城。
白兰碧玉仙家物，偶落凡间入大羹。

——《白兰瓜》（现代）关行邈

一、物种本源

拉丁文名称，种属名

白兰瓜是甜瓜（*Cacumis melo* L.）的一种，为葫芦科黄瓜属植物，又名兰州蜜瓜等，原名华莱士、绿瓤甜瓜。白兰瓜为一年生藤本植物。

形态特征

白兰瓜瓜皮白色，阳面有淡黄色晕瓤，呈绿色，内腔小，含糖量较高，瓜肉翠绿，脆而细嫩，瓤厚汁丰。

习性，生长环境

第一批白兰瓜种植于兰州，故取名为兰瓜。兰州天气干燥，降雨稀少，阳光充足，对于白兰瓜的生长和糖分积累十分有利。白兰瓜喜干燥，适宜在干旱地区种植。全国各地广泛栽培。世界温带地区至热带地区也广泛栽培。

二、营养及成分

白兰瓜中含有碳水化合物、膳食纤维、蛋白质、脂肪、钙、维生素C、磷、铁等营养物质。每100克白兰瓜的部分营养成分见下表所列。

碳水化合物	5.2克
膳食纤维	0.7克
蛋白质	0.5克
脂肪	0.2克
钙	24毫克

维生素C	14毫克
磷	13毫克
铁	0.9毫克
维生素B_3	0.6毫克

三、食材功能

性味 味甘，性寒。

归经 归脾、胃、膀胱经。

功能

（1）保护肝脏。白兰瓜瓜蒂中所含的葫芦素B可以显著增加肝糖原在脏器内的蓄积，减轻慢性肝损伤，从而保护肝脏。

（2）润肠通便。白兰瓜不仅可以清除人体内的热毒，还含有大量的纤维素和碳水化合物，这些物质进入人体后，可以在清除体内垃圾的同时促进肠胃蠕动，能有效加快粪便的生成与排出。经常食用白兰瓜可以有效缓解便秘，也可以降低发胖的概率。

（3）消暑清热。白兰瓜含有大量的水分，可以缓解暑气带来的热气、口渴、焦虑等。同时，白兰瓜中的蛋白质、脂肪、无机盐等可以补充人体所需的能量和各种营养素。

（4）美容养颜。白兰瓜中的多酚、黄酮类物质有很好的抗衰老作用。

四、烹饪与加工

凉拌白兰瓜

（1）材料：白兰瓜、盐、生抽等。

（2）做法：将白兰瓜洗干净之后，去皮、去瓤，切成小块或者长条状，加盐、生抽拌匀，放入冰箱冷藏20分钟即可。

白兰瓜龟苓膏

白兰瓜对半切开、去籽，挖成瓜球，放入容器中。取出龟苓膏，先切成片，再切成小块，放在容器中。再将白兰瓜汁浇在上面即可，夏季食用，清凉开胃。

酱白兰瓜

将白兰瓜去皮、去瓤，切成5厘米长的条状，放入已经准备好的温盐水中。每天翻动一次，周期为5~6天，待其水渗出，瓜块便已被食盐腌透。随后取出，清水泡制，再放入酱缸中腌制两天即可食用。这道菜搭配米饭、面条等主食一起食用口感更好。

白兰瓜果脯

选用新鲜白兰瓜，对半切开或切成条，将0.5%的硫加入水中清洗白兰瓜。再加入适量的柠檬酸和0.5%~2%焦亚硫酸钠，使其糖液浓度为40%~65%，糖浸时间为24~94小时，烘烤时间为30~48小时。得到的瓜脯外形饱满、光泽度好，并有透明感，颜色呈金黄色或橘红色，并能保持白兰瓜的特有风味。

白兰瓜果脯

五、食用注意

（1）白兰瓜含糖量相对较高，故糖尿病患者不宜多食。

（2）白兰瓜性寒，故脾胃虚寒、腹泻患者慎食。

（3）白兰瓜瓜蒂含有的苦毒素、葫芦素E和其他结晶性苦味质会刺激胃黏膜，引起呕吐，不要食用。

延伸阅读

白兰瓜是如何引种到我国的

1944年，时任美国副总统的华莱士访华，特地带了一包美国优良品种的瓜子送给甘肃省政府，后来这种瓜在兰州安家落户，成为瓜果市场的抢手货，直到今天还是西北瓜果市场的主要品种，行销全国。

在这之前一年，美国生态学家罗德明博士一行到兰州考察水土时，参观了兰州黄河北徐家山挖水沟蓄雨水种树的试验基地，便问当时甘肃省建设厅厅长张心一，明年美国副总统华莱士将访问兰州，希望他带什么过来？张心一说想请他带一些能抗旱的饲草种子。

罗德明回到华盛顿后就向副总统华莱士转达了张心一的请求，同时根据甘肃的生态环境特点，建议华莱士带一些蜜露瓜种子。第二年，蜜露瓜种子很快被分配到各地试种。1945年，兰州收获了第一批蜜露瓜。1946年，兰州沙地的农民开始推广种植这种瓜。此瓜瓜色白中泛黄，瓜肉呈淡绿色，宛如翡翠，香甜可口，营养丰富。

1956年，时任甘肃省省长的邓宝珊先生根据此瓜皮白并源于兰州，提议更其名为“白兰瓜”，沿用至今。

越瓜

源自安南泊中华，故此命名称越瓜。
《齐民要术》载种法，落刃破瓜水玉佳。

——《越瓜》（现代）石中祥

一、物种本源

拉丁文名称，种属名

越瓜（*Cucumis melo* var. *conomon*），为葫芦科黄瓜属植物，也被称为菴瓜、生瓜、梢瓜、酥瓜等。

形态特征

越瓜植株的茎和叶密生短毛，有卷须，叶互生，呈心形或棕榈形，近五角形，裂片或深裂。同一株有雄花和两性花，也有雌雄异株，花冠黄色。果实呈筒状或棒状，成熟的果肉柔软而香。越瓜幼果绿色，成熟时果实皮色有明显转变，转变成乳白或淡绿色（蒂部）。

习性，生长环境

越瓜喜高温多湿的环境，生长适温为20～30℃，15℃以下会生长不良。在一定温度条件下，每个品种开花至果实成熟的天数是一定的，如小果型早熟种约24天，中熟种为25～27天，晚熟种30天左右。越瓜皮薄，易碰伤，果实水多、瓤大，容易倒瓤，不耐贮运，采收和销售过程都要注意轻拿轻放。采摘时用剪刀剪，最好在上午露水稍干后采收，避免在烈日下暴晒。摘下后要在1～2天内食用，以保证新鲜。

越瓜原产于热带亚洲，主要分布于中国、日本及东南亚。人们普遍认为，越瓜、菜瓜与甜瓜起源于同一物种。

二、营养及成分

越瓜中含有碳水化合物、钾、维生素C、磷、镁、钙、维生素B_3等营养物质。每100克越瓜的部分营养成分见下表所列。

碳水化合物	3克
钾	70毫克
维生素C	16毫克
磷	11毫克
镁	8毫克
钙	6毫克
钠	1毫克
锰	0.1毫克
维生素B_3	0.1毫克

三、食材功能

性味 味甘，性寒。

归经 归胃、大肠经。

功能

（1）越瓜有益于治疗饮食积滞、胃肠损伤、烦渴不食、恶心呕吐、浮肿和排尿不畅等症状，也对胃炎与口疮等症有食疗作用。

（2）越瓜富含水分和维生素C等营养物质，食用后可以预防中暑并降温，还含有磷酸、柠檬酸以及矿物质，可利尿浸出和治疗水肿。

四、烹饪与加工

炒越瓜

（1）材料：越瓜、小辣椒、蒜、油、盐等。

（2）做法：将蒜和小辣椒切碎，越瓜洗净、切成薄片。油锅热后，加入蒜和辣椒直至香味出来，加入越瓜片，在高温下炒，再加入盐，翻炒至颜色变成绿色，盛在盘子里即可。

越瓜汁

越瓜250克，切碎、捣烂、绞汁，每次服半杯，可调以适量蜂蜜。

腌制越瓜

越瓜洗净沥干水分后，切开，将籽挖干净，太阳下晒约1天至越瓜微软。放入容器中，抹上盐，用重物压1天，让越瓜出水。之后，再把越瓜取出，太阳下晒1～2天，即可放入瓶中密封。

五、食用注意

患时疾者不可食，也不可空腹食之。

越瓜种子的来历

相传，越瓜是从越南传入我国的。在传入过程中有这样一段趣事，很久以前，靠近中越边界的越南一侧，有一对青年男女在瓜地里私会。男的咬一口越瓜让女的吃，女的吃完也咬一口越瓜给男的吃，就这样在浓情蜜意中重复亲密的动作。

就在青年男女想要私订终身时，被女方家人发现，倾家出动捉拿。这对青年男女没办法，只好赶忙向边界另一侧逃去。女方家人发现他们逃出了自己国家的边境，无法追拿，只好忍气作罢。两人发现后边无人追赶时，便停了下来，四目相对，男的发现女的嘴巴下沾着两粒越瓜籽，女的看到男方嘴巴下也沾着两粒越瓜籽，两人都为对方擦去了嘴角的种子，瓜种掉落在地上，从此越瓜的种子在中国大地上发芽、生根、长茎叶、开花、结出了越瓜。

菜瓜

『六必』『天源』双齐名，济美亦是百年店。
王续颂题藏头诗，全然菜瓜酱焖腌。

——《酱菜瓜》（清）陈旭斋

一、物种本源

拉丁文名称，种属名

菜瓜［*Cucumis melo* L. var. *conomon*（Thanb.）Makino］，又名生瓜、青白瓜、酥瓜等，是葫芦科黄瓜属甜瓜的一个变种，为一年生攀缘或匍匐状草本植物。

形态特征

菜瓜植株的茎、枝有棱，有黄褐色或白色的糙硬毛和疣状突起。叶柄长为8～12厘米，叶片厚纸质，近圆形或肾形。花单性，雌雄同株。果实肉多，呈长圆筒形，外皮光滑、有纵纹，呈绿白色或淡绿色。果肉为白色或浅绿色，多汁且质脆，以新鲜、润滑、有光泽、不伤、不烂者为佳。

习性，生长环境

菜瓜对土壤要求不甚严格，抗热耐湿，适应性强。植物学家认为，菜瓜原产于我国，起源于秦岭地区，目前已在全国各地种植。

二、营养及成分

菜瓜中含有碳水化合物、蛋白质、膳食纤维、钾、脂肪、钙、镁、磷、维生素C、钠、铁等营养物质。每100克菜瓜的部分营养成分见下表所列。

碳水化合物	2.9克
蛋白质	0.9克
膳食纤维	0.6克

钾	0.1克
脂肪	0.1克
钙	20毫克
镁	15毫克
磷	14毫克
维生素C	12毫克
钠	2毫克
铁	0.5毫克
维生素B_3	0.2毫克
锌	0.1毫克

三、食材功能

性味 味甘、淡，性寒。

归经 归胃、膀胱、大肠经。

功能

（1）美容养颜。菜瓜中含有大量的维生素C，维生素C是一种抗氧化剂，可以消除体内的自由基，淡化皮肤的斑点，使皮肤变得白皙、柔嫩。

（2）除烦解渴。菜瓜中含有大量的水分，食用后可以补充人体的水分；菜瓜中含有矿物质元素，有助于消除因人体热量而引起的心烦情绪。菜瓜还可以治疗少尿、短促发红和浮肿等疾病。

四、烹饪与加工

菜瓜酱菜

将菜瓜对半切开，去掉瓜瓤，洗净后放在太阳下晾晒，等到瓜肉收缩至七成干的时候，将菜瓜的内壁以及外壁全部涂抹上食盐（其用量根据个人口味而定）。将菜瓜放入腌菜的坛子中，中途可以再次撒一些食盐，然后将剩余的菜瓜全部放入坛子里面，撒上食盐并封口，盖上盖子，腌制一个月左右即可食用。

含水菜瓜干

选取新鲜的菜瓜、切分去瓤、表面裹盐、晾晒、调制成菜。采用二次晒制，控制水分，更增风味，可最大程度保留营养。盐渍入味，同时调配腌制液，增加黄浆水，降低亚硝酸盐含量。

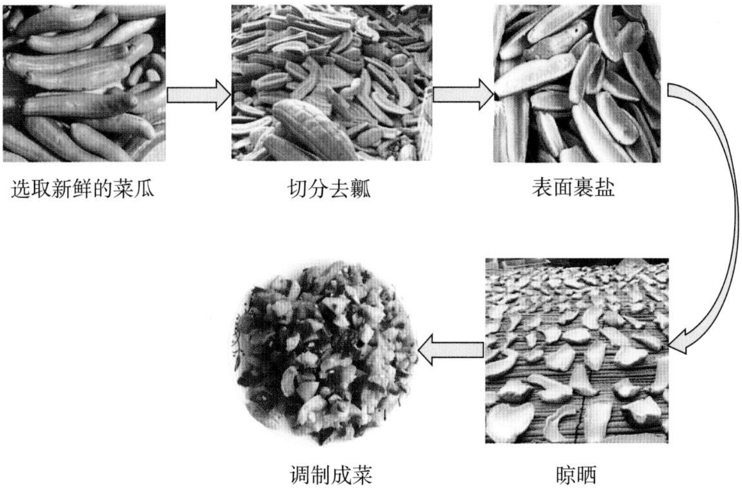

含水菜瓜干

五、食用注意

（1）脾胃气虚、腹泻、大便稀疏和胃寒疼痛之人应避免食用生冷菜瓜。

（2）月经来潮时的女性和有痛经的女性应避免食用生菜瓜。

菜瓜打金牛的传说

明末崇祯年间，清平县有个村子叫任官屯。虽说村子不大，却有一家远近闻名的董财主。董财主是大户，光是黄牛就养了99头，家里雇用了许多长工。其中有一个种菜的叫董二，董二在30岁时娶了一个自江南逃荒来的姑娘为妻，后来在八月十五生了一个孩子叫董贵。在生董贵的头一天夜里，两口子都做了同样的梦：梦见西天娘娘指点，儿子来日必大福大贵。

董二两口子盼着儿子长大，虽然家境贫寒，但每每碰到算命先生，总要花钱给儿子算上一卦，且每卦都是吉兆。

转眼董贵到了9岁，已经给董财主当了两年的放牛娃。董贵从小聪明伶俐，放牛时总是走到坟冢旁照着石碑上的字一笔一画地在地上描摹，学写了很多字。夏日的一个傍晚，从马颊河堤岸上走来一个相面先生。董贵迫不及待地问："先生大人，你看我的命运如何？"那先生朝董贵左看看右瞧瞧，"你这孩子命不错，如果能够进学堂读书的话，保准有高官厚禄。"话音刚落，人却转眼不见了，董贵很是纳闷。晚上，董贵把先生的话一一向父母转述，董二夫妻听了，更是喜出望外。董贵又告诉父母，种菜瓜时，从种第一棵起到种第一百棵时，插一标记，到66天时那棵有标记的瓜秧结的瓜是宝瓜。

时间过得真快，转眼已到了七月结宝瓜的日子，董二发财心切，唯恐别人会把那宝瓜偷去，七月初五的下午就把那根黄黄的老菜瓜揪了下来，又用包袱一层又一层的包好，然后来到河边儿子放牛的地点张望。呵！不就是那头金牛嘛！董二举手向董贵暗示，董贵随即领会了父亲的用意，抓了一把土在那头金牛身上作了标记。董二下了大堤，悄悄地跟在那头"金牛"

的后边，迅速打开包裹，抽出菜瓜，使尽全身力气朝那“金牛”砸去，只见一溜火星，“金牛”不翼而飞。真可惜，只砸下来一只“金牛”角。没过几天，董财主听说了，吩咐管家把董二叫去训斥了一顿，还招来家奴把董二打了一顿，硬是把那金牛角霸占了。后来，董二一家还是过着清苦的生活，董贵的后裔们还是种瓜种菜，当放牛娃。

苦瓜

苦瓜生五岭，赖以解炎毒。
塞外亦繁生，不能悦群目。
我来无故人，见之等骨肉。
畏苦乃常情，甘兹信予独。

——《苦瓜》（明）
释函可

一、物种本源

拉丁文名称，种属名

苦瓜（*Momordica charantia* L.），为葫芦科苦瓜属植物，又名凉瓜、癞瓜、癞葡萄、君子菜等。苦瓜为一年生攀缘类草本植物。

形态特征

苦瓜植株的茎、枝被柔毛。卷须纤细，不分歧。叶柄细长，叶片膜质，上面绿色，背面淡绿色，叶脉掌状。雌雄同株。果实纺锤形或圆柱形，多瘤皱，成熟后为橙黄色。种子长圆形，两面有刻纹。花期、果期为5~10月。

习性，生长环境

苦瓜生长要求较高的温度，耐热而不耐寒，但通过长期的栽培和选择，适应性较强，10~35℃均能适应。苦瓜属于短日照作物，喜光不耐荫，喜湿而怕雨涝，对土壤的要求不太严格，适应性较广。广泛栽培于世界热带地区到温带地区，在我国南北方均普遍栽培。

二、营养及成分

苦瓜中含有碳水化合物、膳食纤维、钠、蛋白质、脂肪、钾、钙、磷、镁、维生素C等营养物质。每100克苦瓜的部分营养成分见下表所列。

碳水化合物	3.2克
膳食纤维	1.4克
钠	0.3克

蛋白质	0.1克
脂肪	0.1克
钾	0.1克
钙	25毫克
磷	18毫克
镁	15毫克
维生素C	14毫克
维生素B_3	0.1毫克

三、食材功能

性味 味苦，性寒。

归经 归心、肝、胃经。

功能

（1）降血糖作用。研究表明，摄取苦瓜汁对患有2型糖尿病的大鼠具有明显的调节作用。其主要的降糖成分三萜类物质如齐墩果酸、甾体类物质如苦瓜素、多肽物质如类胰岛素多肽均可产生作用，以降低大鼠体内的空腹血糖和胰岛素水平，改善血脂和氧化应激状况，提高β细胞功能，缓解胰岛组织损伤。这些物质降血糖虽较为缓慢，但足够稳定，是近年来研究降血糖类药物的主要方向。

（2）抗氧化活性。苦瓜富含酚类化合物和黄酮类化合物，具有较好的抗氧化活性，其酚类化合物主要有儿茶素、咖啡酸以及对羟基肉桂酸等，而这些物质的含量会随着苦瓜成熟期的变化而发生改变。

（3）保护心肌。苦瓜多糖能够增加机体的抗氧化保护作用，减少心肌坏死和水肿，降低炎性细胞浸润，恢复心肌细胞的结构和功能。

（4）降血脂及减肥作用。苦瓜冻干粉能降低实验小鼠肝脏胆固醇和三酰甘油总体水平，能提高小鼠血液中高密度脂蛋白胆固醇含量，但对其他的脂质参数如低密度脂蛋白基本上无影响。由此推测，苦瓜具有抗动脉粥样硬化的作用。另外，苦瓜醇提取物可以通过抑制脂肪生成、降低血脂和保护肝脏功能的作用机制来发挥减肥作用。

四、烹饪与加工

清炒苦瓜

（1）材料：苦瓜、姜、蒜、花椒、干辣椒、橄榄油、五香粉、盐等。

（2）做法：苦瓜洗净去心，切片。姜、蒜切好备用，一汤勺花椒备用，干辣椒备好待用。起锅放入适量橄榄油，油热放入姜、蒜、花椒、干辣椒爆香。倒入苦瓜片翻炒几下，加入一汤勺五香粉、适量盐翻炒几下出锅即可。

苦瓜干

选用成熟适中的苦瓜进行清洗，去瓤之后切成薄片，放在烘房干燥、脱水，等到回软之后再次干燥即可得到成品。

清炒苦瓜

苦瓜干

苦瓜饮料

选用成熟适中的苦瓜，经过清洗、去籽切分以后进行破碎。之后进行护色、预煮，加入果胶酶、壳聚糖澄清。再加入纯净水、柠檬酸、蜂蜜、蔗糖、山梨酸钾等调配。最后过滤、脱气、装瓶、封盖、灭菌即可得到成品。

苦瓜蜜饯

选用成熟适中的苦瓜进行清洗，去瓤之后切成薄片或者条状，最后用糖渍即可。

五、食用注意

苦瓜有解热、清肠胃的作用，胃寒虚者应慎食。脾虚气滞、腹泻便溏、痞闷胀满、舌苔腻者不宜食用。

传说故事

“苦瓜”名字的由来

苦瓜名字的由来与一个民间传说有关。多年前，四川成都梁家巷有个孤身老汉，从家乡广东带来一种小白瓜试种，因气候、土质适宜，结出的瓜既香又甜。一个夏日的凌晨，老汉走进瓜园，发现小白瓜被啃得坑坑洼洼，就干脆在地边搭个瓜棚看守。

一天夜里，老汉忽然看见地边井里跃出一匹小野马，闯进瓜园胡乱地啃瓜。老汉抡起扁担追打，受惊的小野马来不及返身跳井，急速奔跑而去，很快就不见了踪影。从此，被小野马啃过的小白瓜满身疙瘩，瓜皮表面形成瘤状的突起，味道也变苦了，加上老汉孤身种瓜十分辛苦，故称之为“苦瓜”。

瓜蒌

瓜蒌浑圆藤叶间，果熟籽皮药肆贩。
主根掘制天花粉，愈伤疗疾涤热痰。

——《药瓜》（现代）左浩然

一、物种本源

拉丁文名称，种属名

瓜蒌，一般指栝楼（*Trichosanthes kirilowii* Maxim.），为葫芦科栝楼属植物，别名糖瓜蒌、蒌瓜、吊瓜等。为多年生攀缘类草本植物，最长可达10米。

形态特征

瓜蒌块根呈圆柱状，粗大肥厚，外皮发黄，富含淀粉。茎较粗，多分枝，无毛，具纵棱及槽，被白色伸展柔毛。叶片纸质，互生，近圆形或心形。雌雄异株，雄花数朵，总状花序，很少单生，花冠裂片倒卵形，雌花单生，子房卵形。果实近球形，成熟时呈橙红色，花果期为7—11月。

习性，生长环境

瓜蒌生于海拔200～1800米的山坡林下，灌丛、草地中和村旁田边。最好选择深厚、疏松、肥沃的沙壤土进行耕种，不适合在低洼地和盐碱地种植。分布于我国辽宁、陕西、甘肃、四川、贵州和云南等地。在朝鲜、日本、越南和老挝等国家也广为栽培。

二、营养及成分

瓜蒌果实含皂苷、有机酸及其盐类、树脂、脂肪油、色素、糖类，还含有精氨酸、赖氨酸、丙氨盐、缬氨酸、异亮氨酸、亮氨酸、甘氨酸及类生物碱物质。

三、食材功能

性味 味甘、微苦，性寒。

归经 归肺、大肠经。

功能

（1）治疗心血管疾病。研究表明，用瓜蒌皮提取物或者以瓜蒌为主药材的复合配方制剂可治疗冠心病，主要体现在改善血管内皮功能，抗氧化，降低血清胆固醇，抗动脉粥样硬化，扩张冠状动脉，改善血流动力学，抗血小板聚集，防止血栓形成，保护缺血心肌，提高耐氧性，抑制炎症反应等方面。

（2）抗菌作用。1∶1～1∶5瓜蒌煎剂或浸剂可在体外抑制革兰氏阴性菌，如大肠杆菌，还对葡萄球菌、肺炎球菌、溶血性链球菌有一定的抑制作用。

（3）祛痰作用。据报道，瓜蒌汤可以改善小鼠因氨引起的咳嗽，并有助于将苯酚红排出小鼠呼吸道。此外，半胱氨酸还能裂解痰液黏蛋白，更容易咳出痰。

（4）降糖降脂。高脂血症和糖尿病是心血管疾病的两个危险因素。低密度脂蛋白导致动脉粥样硬化斑块的产生，从而导致冠心病、心绞痛、心肌梗死等。糖尿病患者更容易患这些疾病。瓜蒌汤剂可降低甲基硫脲嘧啶致高脂血症小鼠总胆固醇、三酰甘油和低密度脂蛋白的含量，结合薤白，其作用更明显。

（5）抗炎。用50%乙醇提取的瓜蒌果和种子在一些动物模型中表现出抗炎效果，包括醋酸诱导小鼠血管通透性、卡拉胶诱导的老鼠水肿、棉球诱导小鼠肉芽组织增生以及扭动症状。

四、烹饪与加工

炒瓜蒌

（1）材料：瓜蒌、莴笋（或萝卜）、油、盐等。

（2）做法：将新鲜的瓜蒌切成片，热锅加入油，和切好的莴笋一起清炒，加盐，味道鲜美。还可将瓜蒌和萝卜放在一起炒，有润肺止咳的功效。

瓜蒌粥

（1）材料：瓜蒌、米等。

（2）做法：将瓜蒌切成片，与米一起，使用高压烹饪技术将瓜蒌的有效成分完全整合到粥中以改善其营养。

荷竹瓜蒌茶

瓜蒌皮、瓜蒌籽、荷叶、茯苓、白术、淡竹叶、当归、佛手等一起冲泡成茶饮用，主要用于代谢综合征的治疗。也可将其与蒲公英共同用开水冲泡，作为茶饮用于治疗咳嗽。

荷竹瓜蒌茶原料

瓜蒌饮料

将瓜蒌原汁、白砂糖、柠檬酸、稳定剂阿拉伯胶、CMC-Na、琼脂混合，获得口感较好、沉降率低的瓜蒌饮料。

五、食用注意

脾胃虚弱的人不宜吃瓜蒌，否则会加重脾胃虚弱的症状，增加脾胃负担。

传说故事

“瓜蒌”名字的由来

从前，有个樵夫常常进山砍柴。一天中午，他砍了满满一担柴，感到又渴又累，就寻着泉水的响声来到一个山洞的外边。这里长着几棵又高又粗的老树，一股山泉从洞口流出。樵夫放下柴担，手捧泉水喝足了，又走进山洞。山洞很大，可往里走了几步就到头了。樵夫只好出来，在树荫下找到一块石板，躺在上面休息。正当他睡得迷迷糊糊的时候，忽然听见有人说话。他歪头一看，对面树底下坐着两个老头，一个长着白胡子，一个长着黑胡子。樵夫心想，这深山里哪来的人呀？大概是神仙吧？他就一动不动，听着两个仙人聊天。

黑胡子老头说：“今年咱们洞里结了好大的一对金瓜呀！”

白胡子老头说：“小声点儿，那边躺着一个砍柴的，让他听见就会把那宝贝偷走。”

黑胡子老头说：“怕什么？他听见也进不了山洞！除非七月七午时三刻，站在这儿念一句‘天门开，地门开，摘金瓜的主人要进来！’”

樵夫听到这儿心里一喜，没留神滚到了地上，这才睁开双眼。呀，原来是个梦。他扫兴地挑着柴担回了家，不过还牢牢记着那几句话。

樵夫总想试试梦中听来的话灵不灵。七月七这天，樵夫又来到山洞。他等到午时三刻，便走进洞口，嘴里念道：“天门开，地门开，摘金瓜的主人要进来！”

只听“嘎”的一声，真有一扇石门在面前打开了。原先的山洞中又出现了一个金光闪闪的山洞。

樵夫走进去，看见里面长着一根碧绿的青藤，上边结着一对金瓜。他十分高兴，用柴刀把金瓜砍下来，捧在手中一口气跑回家。谁知，到家仔细一看，不过是两个普普通通的瓜。樵夫以为上了当，就把它们扔到了一边。

过了些日子，樵夫上山砍柴，又来到那个山洞外边。他又躺在石板上歇息。刚闭上眼，那两个长胡子的老头又到大树底下来了。

白胡子老头埋怨道："都怪你多嘴，洞里的金瓜被人偷走啦。"

黑胡子老头说："怕什么，他偷去也没用，又不是真金的瓜。"

"怎么没用？那可是名贵的药材呀，比金子还贵重呢。"

"嗨，那非得把它晒得皮色橙红，才有润肺、清热的作用呢。"

樵夫又从梦中醒来，他急忙回家找到那两个瓜。可是，瓜全烂了，樵夫掏出瓜籽，等到第二年春天就把它们全都种在院子里。几年后，结了一大片金瓜。樵夫就用这种瓜给人治病，那些长年咳嗽的病人吃了这种瓜，果然一个个都好了。人们无不称奇，并纷纷议论着该给这种瓜起个什么名才好。樵夫想到这种瓜的藤茎需要披架，在高处结瓜，所以就给它取了个名叫"瓜楼"。后来人们又把它写成"瓜蒌"或"栝楼"。

蛇瓜

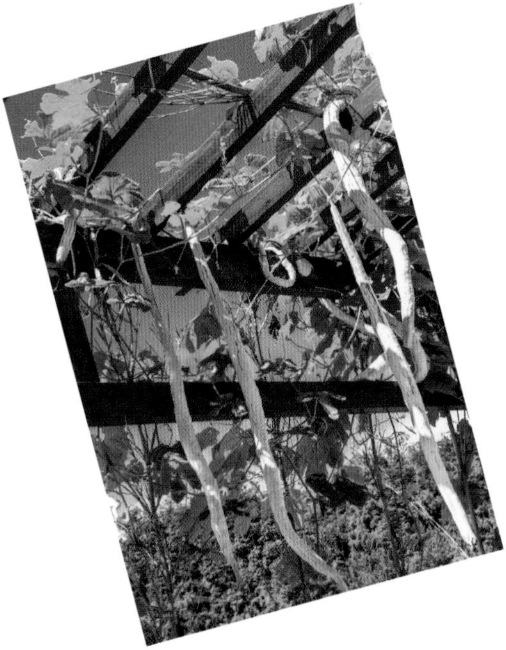

名因拟态更呈奇，近色同纹亦透皮。
九曲回肠君莫畏，八珍玉食不须疑。

——《蛇瓜》（现代）关行邈

一、物种本源

拉丁文名称，种属名

蛇瓜（*Trichosanthes anguina* L.），为葫芦科栝楼属一年生攀缘类植物。蛇瓜又名蛇丝瓜、印度丝瓜等。

形态特征

叶似手掌，有5~7个裂口，周边锯齿形，叶柄被毛，长为5~10厘米。雌雄同株。果实呈长圆柱形，长1米左右，横茎为2~3厘米，重为1~2千克，两端稍尖，扭曲呈蛇形，幼时绿色，有苍白色条纹，成熟时橙黄色，单株结果20个以上。单果含种子10余枚，种子呈长圆形。花果期在夏末及秋季。表面光滑，具有蜡质，有鱼腥味，以植物“拟态”，故得名蛇瓜。

习性，生长环境

蛇瓜喜温、耐湿热、不耐寒，肉质根，根系发达，在15~40℃的温度条件下均能生长，最适宜的温度为20~35℃，但略高于35℃仍能开花结果，低于15℃停止生长。各种类型土壤均可栽培，定植30天后开始采收嫩果。蛇瓜的生育期为180~200天，其中采收期可达到90天。

蛇瓜在东南亚、西非、美洲和加勒比海等地区都有种植，我国蛇瓜是从印度传入的，现在我国南北方均有栽培。

二、营养及成分

蛇瓜中含有碳水化合物、膳食纤维、蛋白质、钾、钙、脂肪、镁、磷、维生素C等营养物质。每100克蛇瓜的部分营养成分见下表所列。

碳水化合物	4克
膳食纤维	0.8克
蛋白质	0.7克
钾	0.7克
钙	0.2克
脂肪	0.1克
镁	47毫克
磷	14毫克
维生素C	4毫克
钠	2.2毫克
铁	1.2毫克
锌	0.4毫克
锰	0.2毫克
铜	0.1毫克
维生素B_3	0.1毫克

三、食材功能

性味 味苦、甘，性寒。

归经 归肺、胃、肝、大肠经。

功能

（1）促进骨骼生长。蛇瓜中含有大量的钙，它是骨骼发育的基本原料，直接影响酶活性的调节，参与神经、肌肉的活动以及神经递质的释放。

（2）补充微量元素。蛇瓜中含有铜，铜对于人体健康来说是不可缺少的营养物质，对于血液、中枢神经、免疫系统、皮肤骨骼组织等的发育和功能也有很重要的影响。

（3）降血压、预防中风和协调人体肌肉正常收缩。蛇瓜含有微量元素钾，能与人体内的微量元素钠中和，加快体内钠的排出，可降低血压，利于高血压的治疗，还能预防血管老化、中风以及协助肌肉正常收缩。

（4）清热解暑、解除疲乏及增进食欲。蛇瓜质地鲜嫩，肉质松软且细腻爽口。盛夏时食用，可清热解暑，增进食欲，解除疲乏，有凉血解毒的功效，是较为理想的药食兼用蔬菜之一。

（5）利尿解压。蛇瓜中含有较多的碳水化合物，同时含有丰富的矿物质和粗纤维，对于改善人体的内环境很有帮助，有利于治疗便秘、利尿降压。

（6）提高免疫力。蛇瓜中含有维生素A和维生素C，可促进免疫球蛋白的合成以及增强白细胞的活力。

四、烹饪与加工

蛇瓜汤

蛇瓜汤

（1）材料：蛇瓜、紫菜、盐、鸡精、生抽等。

（2）做法：蛇瓜洗干净切段后，加入紫菜、盐、鸡精、生抽煮成汤，别有风味。

炒蛇瓜

（1）材料：蛇瓜、辣椒、生抽、蚝油、盐、姜、大蒜等。

（2）做法：蛇瓜洗净，对半切

开，去除瓤，然后切成块，辣椒切片。起锅，锅热后加入油，加入大蒜、姜出味，加入切好的蛇瓜块、辣椒片快速翻炒，再加生抽、蚝油翻炒均匀，最后放盐调味，出锅。

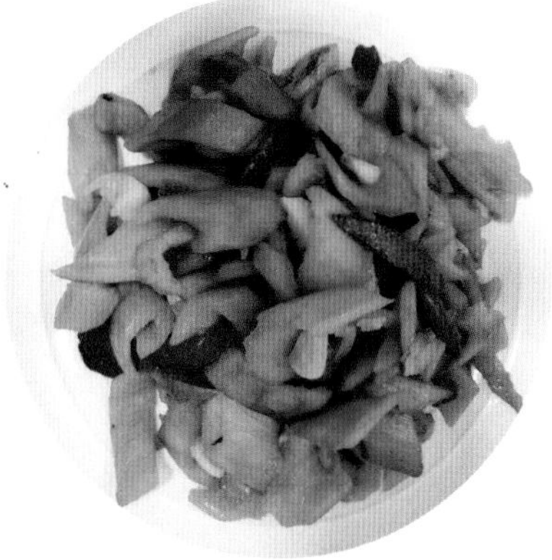

炒蛇瓜

蛇瓜保健醋

工艺流程：原料预处理→打浆过滤→调配→酒精发酵→醋酸发酵→压榨过滤→陈酿→杀菌→罐装。

具体步骤：挑选饱满且无虫害的蛇瓜、山芋、无花果，清洗切块，取10千克蛇瓜块、3千克山芋块、3千克无花果块混合均匀，在140℃蒸汽中杀青2分钟，迅速冷却。加入0.5千克食盐，搅拌均匀，静置40分钟后再在130℃下杀青1分钟，摊凉散热。加入5.5千克的10%抗坏血酸钠溶液，浸泡40分钟后进行打浆，向浆液中加入果胶酶、纤维素酶，在55℃下酶解20分钟，离心除杂，收集滤液。调节蛇瓜汁糖浓度为25%，调节蛇瓜汁酸浓度为0.8%，加入活化的干酵母，在25℃恒温环境下发酵8天，再将发酵液酒精度调整为10%。向发酵液中加入2.5千克的蛇瓜渣、2千克的麸皮、2千克的葛根粉、1千克的玉竹粉，制得醋醅。向醋醅中加入醋酸菌，温度控制在35℃，发酵15天，发酵过程中每日搅拌6次，制得成熟醋醅。将成熟醋醅压榨过滤，制得蛇瓜醋原浆，加入0.2千克的食盐，在70℃下保持10分钟，放入消过毒的缸中，将缸封严进行陈酿，为期50天。在80℃温度下杀菌3分钟，制得蛇瓜保健醋。

五、食用注意

（1）脾胃虚寒者慎食蛇瓜。

（2）寒凉腹泻者忌食蛇瓜。

传说故事

蛇瓜的传说

传说以前在南方有一个专门以种瓜为生的地方。由于当时连年大旱，百姓无法糊口，大都另寻出路。有一天，镇上的一个老头和镇长说，北方三十里处的青山腹地的寒潭里有一条大蛇，杀了它用蛇血浇灌土地，可以解当下的燃眉之急。闻言后，镇长命人费了九牛二虎之力擒来青蛇，斩首后如法炮制，果然天降大雨，当地又恢复了往日的生机。

一天夜里，镇长梦见了那条青蛇，青蛇说："我本来可以用大水淹死你们，可是我终究于心不忍。既然我的命可以帮助你们渡过难关，想来也是我的功德一桩。三天内，你将我的尸骨送回寒潭内，我便不再追究。"镇长梦醒，连夜挖出蛇骨，只见蛇骨通体紫金色，蛇头如琉璃，蛇眼如同宝石美玉。镇长见财起意，将蛇骨变卖，获得很多钱财。

三天后，青蛇怒气冲冲道："你这个卑鄙无耻的小人，我要你偿命！"说罢一口咬向镇长，镇长用右手一挡，吓醒了，发现是梦，松了口气，可右手钻心的痛。定睛一看，有四个洞。第二天，镇长卧床不起，看遍了名医都无果。三天后，镇长七孔流血、皮肤肿胀，因蛇毒而死。

又过了两天，镇上的瓜熟了，可是这一年的瓜却变了个样，只见各个犹如蛇状，弯弯曲曲。

这就是关于蛇瓜的传说。

南瓜

银斧剖开两片天，金盘两盏群儿现。
万物年衰必至此，盈筐累担暖心田。

——《剖南瓜》（清）张野

一、物种本源

拉丁文名称，种属名

南瓜［*Cucurbita moschata*（Duch. ex Lam.）Duch. ex Poiret］，为葫芦科南瓜属一年生蔓生草本植物，又叫番金瓜、伏瓜、麦瓜、饭瓜、金冬瓜、番瓜、倭瓜、番蒲、舍瓜、癞瓜、茄瓜、阴瓜、老面瓜等。

形态特征

南瓜植株的茎节部生根，长达2~5米，密被白色短刚毛。叶柄粗壮，长为8~19厘米，被短刚毛。叶片呈宽卵形或卵圆形，质稍柔软，上面密被黄白色刚毛和茸毛，常有白斑，叶脉隆起。瓠果形状多样，因品种而异，外面常有数条纵沟或无。种子多数，长卵形或长圆形，灰白色，边缘薄，长为10~15毫米，宽为7~10毫米。

习性，生长环境

南瓜是喜温的短日照植物，耐旱性强，对土壤要求不严格，但以肥沃、中性或微酸性沙壤土为佳。原产于墨西哥到中美洲一带，现世界各地普遍栽培，亚洲栽培面积最广，其次为欧洲和南美洲。我国除高寒地区，均有栽培。

二、营养及成分

南瓜中含有碳水化合物、膳食纤维、蛋白质、钾、脂肪、磷、钙、镁、维生素C、钠等营养物质。每100克南瓜的部分营养成分见下表所列。

碳水化合物	5.7克
膳食纤维	0.7克

蛋白质	0.5克
钾	0.3克
脂肪	0.1克
磷	44毫克
钙	21毫克
镁	12毫克
维生素C	9毫克
钠	1毫克
铁	0.8毫克
维生素B_3	0.6毫克
维生素A	0.3毫克

三、食材功能

性味 味甘，性温。

归经 归脾、胃经。

功能

（1）保护心血管。南瓜含大量果胶，在肠道内被充分吸收后，形成一种胶状物质，可以延缓人体对脂质的吸收。果胶还能和体内多余的胆固醇结合在一起，从而降低血液中胆固醇的含量，起到防止动脉粥样硬化的作用。

（2）抗氧化活性。研究表明南瓜多糖能显著提高H_2O_2诱导的氧化应激细胞的活力，可以显著降低细胞MDA水平，减轻细胞脂质过氧化损伤，表现出良好的抗氧化活性，改善细胞氧化应激损伤。南瓜籽中的类胡萝卜素是具有较高的抗氧化性物质，可以起到天然抗氧化作用。

（3）降血糖。南瓜中的果胶能调节胃内食物的吸收速率，使糖类吸收速度减缓，可溶性纤维素可以推迟胃中食物的排空速度，控制餐后血糖上升水平。南瓜籽多糖纯化后在淀粉酶活性抑制试验中均表现出一定的抑制活性，在一定质量浓度范围内呈现剂量效应依赖效果。

(4) 增强视力。南瓜中含有丰富的类胡萝卜素，在机体内可以转化成具有重要生理功能的维生素A，从而对上皮组织的生长分化、维持正常视觉具有重要作用。

(5) 降血压。南瓜是一种高钙、高钾、低钠的食物，特别适合中老年人和高血压病人，有降低血压和预防骨质疏松的作用。

(6) 保护胃肠道。南瓜中的果胶有极好的吸附性，能黏合与消除人体内细菌性毒物和其他毒物，保持胃肠等消化道黏膜免受刺激，促进溃疡愈合，对消化道溃疡病有一定疗效。果胶还具有润滑肠道的作用，能促进排便。

四、烹饪与加工

南瓜粥

(1) 材料：小米、南瓜等。

(2) 做法：准备小米，将南瓜去皮、去瓤、切片。加约4碗水，开火煮粥，煮粥的同时将切好的南瓜片放在上层的笼屉蒸熟，约15分钟左右。15分钟后将蒸好的南瓜晾凉并捣成南瓜泥，40分钟后，米粥已基本煮好，再将南瓜泥放入煮好的米粥里，搅拌均匀，小火煮5分钟左右即可出锅。

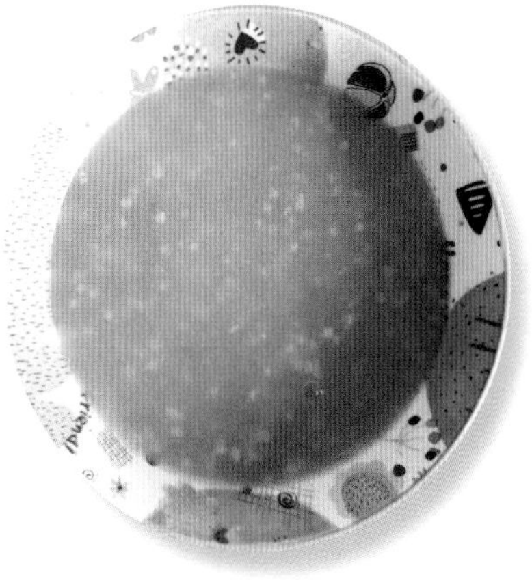

南瓜粥

炒嫩南瓜丝

(1) 材料：南瓜、青椒、红椒、油、盐、生抽等。

(2) 做法：将嫩南瓜去蒂、去

瓤，切成6厘米长的丝。将青椒和红椒去蒂、去籽、切丝。锅置旺火上，放入油，烧热后放入南瓜丝、青椒丝、红椒丝，加入盐、生抽炒一会儿，出锅装盘即可。

南瓜饼

（1）材料：南瓜、糯米粉、红豆馅、油等。

（2）做法：将南瓜洗净，去皮、去瓤，切薄片，制成南瓜泥，加入糯米粉揉搓成团后醒发。最后，包入适量红豆馅，压成饼状。锅内放入油，加热，将南瓜饼炸至金黄色。

南瓜饼

南瓜蜜饯

选择充分成熟的南瓜，其皮部较厚，表面蜡质也厚，肉质含水分较少。将南瓜剖开，去籽、去皮，然后切分，可切成方粒状，也可切成条状。用0.1%氯化钙溶液浸8小时，采用多次透糖法，最后置于烘盘中在60～65℃下干燥，使其含水量为24%～25%。

五、食用注意

（1）患有脚气、湿热气滞者忌食，患有毒疮者不宜多食。

（2）连续食用南瓜2个月以上可能会出现皮肤黄染，停食两三个月后逐渐消退，此为胡萝卜素汗泄所致。

（3）在中医上，南瓜属于发物，皮肤出现感染或者有发热的人，食用以后可能会加重上火病情，使发炎更严重，导致病情恶化，所以不建议食用。

传说故事

“南瓜礼”的美谈

清朝时期，浙江海盐地区有个名人叫张艺堂。他年少好学，非常聪明，但是苦于家贫，没钱交学费。当时有个大学问家叫丁敬身，张艺堂想拜他为师。第一次登门时，张艺堂身后背着一个大布囊，里面装着送给老师的见面礼。到了老师家，他放下沉重的布袋，从里面捧出两个大南瓜，每个都有十几斤。旁人看了都哈哈大笑，但丁敬身先生欣然受之，并当场烹瓜备饭，招待学生。这顿饭虽然只有南瓜菜，但是师生们却吃得津津有味。从此，“南瓜礼”便成了一番美谈。

北瓜

皮赤常刻字诗画，文人雅士案头花。
把玩观赏说嘉靖，同宗同族南北瓜。

——《桃南瓜》（明）宋鼎

一、物种本源

拉丁文名称，种属名

北瓜为南瓜［*Cucurbita moschata*（Duch. ex Lam.）Duch. ex Poiret］的一个变种为葫芦科南瓜属一年生蔓生藤本植物，又叫桃南瓜、吊瓜、红金瓜、鼎足瓜、凸脐瓜、红番瓜等。

形态特征

果实呈扁圆形，类似扁圆形小南瓜，果皮为深橙黄色或橙色。夏季开黄色钟形小花，秋季结果，一般表面光滑。果实直径为9～16厘米，果肉为淡黄色，种子较多，呈扁卵形，长约1厘米，可以食用。

习性，生长环境

北瓜具有一定观赏价值，人们常将其陈列于案头作观赏用，其不容易干瘪、腐烂。如果在果皮上刻上花卉、字画等图案，则会增添居室的文化气息。我国南北方均有栽培，主产于河北、江苏、广西、四川等地。北瓜营养极为丰富，由于产量相对较低，种植量有所限制。北瓜之所以叫北瓜是因为其最初种植在以北京为中心的北方地区。有些地方将笋瓜、西葫芦称为北瓜，这是一名多指的现象，要注意区分。

二、营养及成分

北瓜中含有碳水化合物、膳食纤维、蛋白质、脂肪等营养物质。每100克北瓜的部分营养成分见下表所列。

碳水化合物	3.9克
膳食纤维	0.6克

蛋白质	0.5克
脂肪	0.1克

三、食材功能

性味 味甘、微苦，性微温。

归经 归肺经。

功能

（1）北瓜有润肺、止咳、平喘的功效，对外感风寒、咳嗽、老人气喘、小儿百日咳、烦渴多饮等有助食疗、促康复之效。

（2）北瓜中含有丰富的锌，锌可以参与人体内核酸、蛋白质的合成，是肾上腺皮质激素的固有成分，可促进人体生长发育。北瓜中还含有甘露醇，有较好的通便作用，可以减少粪便中毒素对人体的危害，并有降糖、止渴的效果。

（3）北瓜中所含的果酸能黏结和消除人体内细菌毒素和其他有毒物质。

四、烹饪与加工

北瓜小米粥

（1）材料：北瓜、小米等。

（2）做法：把北瓜洗干净，然后连皮切成大小适宜的块状。先熬小米粥，等小米快熟时，把北瓜放入锅里一起煮25分钟即可。

蒸北瓜

（1）材料：北瓜等。

（2）做法：把北瓜洗干净，然后连皮切成块，上锅蒸，大概20分钟即可食用。

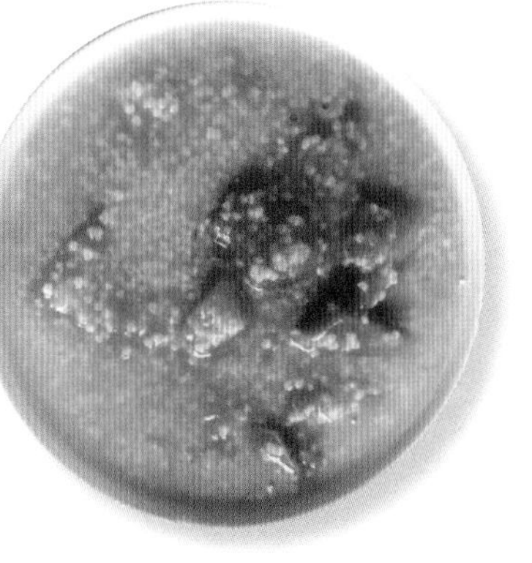

北瓜小米粥

蒸北瓜

五、食用注意

（1）胃热炽盛、气滞满中、湿气热滞者忌食北瓜。

（2）脚气、黄疸患者慎食北瓜。

（3）患疮、疔、疖、肿者勿食北瓜。

（4）胃溃疡患者不宜食北瓜。

阎王要吃北瓜的传说

北瓜的传说和唐太宗李世民有关。

在李世民还没有当皇帝时，他率领军队四处征战，在途中和几个本领高强的将领结为兄弟，他们对天发誓：不求同年同月同日生，但求同年同月同日死。在几个兄弟的帮助下，李世民当上了皇帝，可那几个将领却有的被敌人杀死，有的病死。

当了皇帝的李世民忙于国事，早将几个兄弟淡忘。这几个兄弟在阎王面前状告李世民，阎王派小鬼去查，果有此事，就派牛头马面去勾李世民的魂。李世民手下有个大臣叫魏徵，传说这个人有阴阳眼，能看清地府和人间。牛头马面刚到京城就被发现。魏徵先叫秦琼和敬德守护李世民，不让牛头马面进入，然后向李世民报告。

李世民听说此事很是惊恐，魏徵说："如今只希望阎王能收下您的礼物。"魏徵用阴阳眼来到阎王殿，向阎王求情免李世民的死，阎王想了半天说："我地府地大物博就是没有北瓜，听说北瓜味道鲜美无比，如果李世民能献上北瓜，我就饶他一命。"就这样，李世民下令每家每户都要将北瓜上贡，收集起来送给阎王。

笋瓜

门出西天南美，扎根沃土中原。天蓬一啃半瓜残。
至今犹有证，八戒指留瘢。
营养多维丰富，减肥壮体延年。补调益气味甜鲜。
杏林传美食，尝者尽颜欢。

——《临江仙·笋瓜》（现代）牛艾滨

一、物种本源

拉丁文名称，种属名

笋瓜（*Cucurbita maxima* Duch. ex Lam.），为葫芦科南瓜属一年生蔓生草本植物，又名玉瓜、大洋瓜、东南瓜、搅丝瓜、印度南瓜等。

形态特征

笋瓜植株的茎粗壮，呈圆柱状，具白色的短刚毛。叶柄粗壮，圆柱形，长为15~20厘米，密被短刚毛。叶片呈肾形或圆肾形，叶面深绿色，叶背浅绿色。雌雄同株。果梗短，圆柱状，不具棱和槽，瓜蒂不扩大或稍膨大。瓠果的形状和颜色因品种而异。种子丰满，边缘钝或多少拱起。

习性，生长环境

笋瓜对土壤要求不严格，以沙壤土、壤土最为适宜。笋瓜起源于南美洲的玻利维亚、智利和阿根廷等地，现已传播到世界各地。我国除高寒地区外，各地均有种植。

二、营养及成分

笋瓜中含有碳水化合物、蛋白质、膳食纤维、脂肪、钾、磷、钙、镁、维生素C、铁、维生素E等营养物质。每100克笋瓜的部分营养成分见下表所列。

碳水化合物	2.4克
蛋白质	1.4克
膳食纤维	0.7克

脂肪	0.3克
钾	96毫克
磷	27毫克
钙	14毫克
镁	7毫克
维生素C	5毫克
铁	0.6毫克
维生素E	0.3毫克

三、食材功能

性味 味淡，性平。

归经 归脾、胃经。

功能

（1）减肥作用。笋瓜营养丰富，热量低，富含膳食纤维，可促进肠道蠕动并保护胃肠功能，同时笋瓜中的葫芦巴碱和丙醇二酸可以帮助人类抑制体内的含糖组织转化成脂肪，从而起到瘦身减肥的作用，适合肥胖人群食用。

（2）保护心血管。笋瓜富含矿物质以及维生素，具有降血压的作用，对高血压患者有一定的食疗作用。

（3）防治糖尿病。研究表明，笋瓜中含有较多的果胶，果皮中的干物质含量可达7%～17%，高于胡萝卜中的果胶含量，可以有效地促进营养的吸收，对糖尿病的预防与治疗都有较好的效果。此外，笋瓜中含有丰富的微量元素钴，该物质能够促进胰岛细胞合成胰岛素，有助于防治糖尿病。

醋炝笋瓜

（1）材料：笋瓜、干虾、生姜、花椒、辣椒、老醋、盐、油等。

（2）做法：笋瓜切片，锅中加油，加热至八成熟，将花椒、辣椒、姜丝加入炒出香味后，加入笋瓜片，大火快炒，再加入干虾。快炒 2 分钟，加入盐、老醋，翻炒出锅。

醋炝笋瓜

鸡丝笋瓜

（1）材料：鸡丝、笋瓜、盐、辣椒、葱、香油、鸡精等。

（2）做法：笋瓜清洗后切丝，炖好的鸡汤加入鸡丝、笋瓜，煮开后加入辣椒、葱、盐、鸡精调味，起锅滴几滴香油，冷凉后食用。

鸡丝笋瓜

笋瓜塞肉

（1）材料：笋瓜、鸡肉、料酒、老抽、盐、酱、洋葱、番茄、奶酪等。

（2）做法：笋瓜洗净切两半，用小勺挖去瓜瓤，待用。鸡肉切丁，放入油锅炒制，先加料酒、老抽、酱、盐，再加洋葱、番茄，炒熟后塞入挖空的笋瓜，上面铺一层奶酪，在烤盘中排好，烤箱烤30分钟即可。

五、食用注意

（1）大便溏稀者慎食。

（2）肾阴虚损者不宜多食。

传说故事

猪八戒尝笋瓜

相传，天蓬元帅猪八戒天性贪吃，没吃过的食物都想尝个新鲜。他到高老庄招亲时，路过高家菜园，见瓜架上结满了光亮的笋瓜果实，十分诱人，便垂涎欲滴，不管三七二十一，连摘都没摘，更谈不上清洗了，踮起脚上前就是一口，哪知未成熟的笋瓜是苦的，一大口下去，苦味直往心里钻。

被咬破的笋瓜还在不停地往外滴苦水，猪八戒本能地用双手捏住咬破的地方，顺手一抹，瓜的苦汁止住不滴了，可瓜变成了椭圆形，也没了笋瓜尖。因此，我们现在所见到的笋瓜都是秃秃的，且表面有多条宽纵棱，棱间有浅状沟。原来，这些宽纵棱和浅状沟都是当年猪八戒抹瓜时留下的手指印痕。

菊瓜

似花如日净身心，绿玉丛中几叠金。
钾钙镁磷全具足，自明风靡到而今。

——《菊瓜》（现代）关行邈

一、物种本源

拉丁文名称，种属名

菊瓜为葫芦科南瓜属植物南瓜［*Cucurbita moschata*（Duch. ex Lam.）Duch. ex Poiret］的一个变种，别名小南瓜、贝贝南瓜、太阳瓜等，属一年生蔓生草本植物。

形态特征

菊瓜外形精巧，似一朵盛开的雏菊，色泽金黄，所以有金菊瓜之称。瓜呈扁圆形，表面平滑有纵沟，果皮深绿色或金黄色，果肉浅黄色，肉质致密细腻，粉质多，口味香甜。

习性，生长环境

菊瓜抗旱性强，产量高，收获期长，耐储存，喜欢气候温凉的生长环境，耐寒能力较强，不耐炎热，不耐水涝，对土壤要求不严，疏松肥沃、排水良好的沙壤土最适合生长。菊瓜原产于墨西哥等地，于明代传入我国，现广泛种植于世界各地。

二、营养及成分

菊瓜中含有碳水化合物、钾、蛋白质、脂肪、钙、磷等营养物质。每100克菊瓜的部分营养成分见下表所列。

碳水化合物	5.3克
钾	1.5克
蛋白质	0.7克
脂肪	0.1克

钙	39毫克
磷	24毫克
镁	8毫克
胡萝卜素	3.2毫克
钠	0.8毫克
维生素B_3	0.4毫克
铁	0.4毫克

三、食材功能

性味 味甘，性平。

归经 归肺、脾、胃经。

功能

（1）解毒。菊瓜内含有维生素和果胶，果胶有很好的吸附性和解毒作用，能黏结和消除体内细菌毒素和其他有害物质，如重金属铅、汞和放射性元素。

（2）保护胃黏膜，帮助消化。菊瓜所含果胶还可以保护胃黏膜免受粗糙食品刺激，促进溃疡愈合，适宜于胃病患者。菊瓜所含成分能促进胆汁分泌，加快胃肠蠕动，帮助食物消化。

（3）防治糖尿病、降低血糖。研究表明，菊瓜果肉中含有一种有效成分——环丙基氨基酸，其可增加Glut-2的含量，促进人体胰岛素的分泌，因而对糖尿病患者有明显的疗效。

（4）促进生长发育。菊瓜中含有丰富的锌，参与人体内核酸、蛋白质的合成，是肾上腺皮质激素的固有成分，为人体生长发育的重要物质。

（5）防治妊娠水肿和高血压。菊瓜的营养极为丰富，孕妇食用菊瓜，不仅能促进胎儿的脑细胞发育，增强其活力，还可防治妊娠水肿、高血压等孕期并发症，促进血凝及预防产后出血。

四、烹饪与加工

菊瓜蒸蛋

（1）材料：菊瓜、牛奶、鸡蛋、蜂蜜、葱等。

（2）做法：菊瓜清洗干净，从顶部1/4处切开，除去内部的瓤，清洗后上锅蒸熟，备用。将250毫升牛奶、1个鸡蛋和适量的蜂蜜混合均匀，倒入菊瓜内，蒸20分钟，撒上葱段，即得菊瓜蒸蛋。

菊瓜蒸蛋

菊瓜咖喱饭

（1）材料：菊瓜、油、咖喱、鸡肉块、米饭、盐、蒜蓉等。

（2）做法：菊瓜清洗干净，去皮、去瓜瓤，切成均匀的小块，起锅烧油，加入蒜蓉出味，加入菊瓜翻炒，再加入鸡肉块翻炒，加入适量的水、盐和咖喱慢慢熬煮，收汁，将菊瓜咖喱浇到米饭上，即做成菊瓜咖喱饭。

蒸菊瓜

（1）材料：菊瓜等。

（2）做法：菊瓜洗净，切成均匀的小块，去瓤，上锅蒸熟即可。

蒸菊瓜

菊瓜松露酱焖饭

（1）材料：菊瓜、橄榄油、姜、米饭、盐、生抽、松露酱、欧芹等。

（2）做法：菊瓜去皮、去籽后切成薄片。小汤锅加水煮沸，加入切好的菊瓜煮3分钟。煮好后倒掉大部分水，大概留三分之一，一起倒入搅拌机，搅拌至泥状。不粘炒锅内倒入橄榄油，稍加热，加入姜片爆香，油完全热后将姜片取出，倒入搅拌好的菊瓜泥，加入米饭，中火，然后加盐和生抽，加水，搅拌均匀，再加松露酱，再搅拌，大火收汁，盛出后撒一些欧芹碎片即可。

五、食用注意

患有脚气、黄疸等病症的人不宜食用菊瓜。

传说故事

太阳瓜的故事

在很久很久以前，有一座山清水秀的太阳山，住着一位太阳老人，常年种着太阳瓜。老人为人正直、慈祥，对任何人都很热情，就连对要饭的人也关怀备至。

太阳山下住着一对贫穷的兄弟，过着艰难困苦的日子，时常忍饥挨饿。兄弟俩听说太阳山上的太阳老人很善良，关心穷人，就准备投靠太阳老人。于是兄弟俩跋山涉水，不辞劳苦，走了好些日子，终于到了太阳山。兄弟俩说明来意，老人听了，满心欢喜，答应了兄弟俩，并安排了太阳山上的活让他俩做。太阳老人说："太阳山上的太阳瓜，是神瓜，它得种七七四十九年，需要用水和鲜血来浇灌，到山下清泉挑水，一担水两滴血，滴在两桶水里和匀，等到四十九年后，瓜熟了，每人一个瓜，只要辛勤劳动，它们会给你们带来幸福的，你们去干吧。"太阳老人说完就去干自己的活了。

兄弟俩每人挑了一担木桶，就跟大伙去挑水了。起初，老大也和大家一样挑一担水，咬破中指，在每个桶里滴一滴血，后来老大想：这样又滴血又担水，不得累死？老大就想了一个办法，先担满水，在半路倒掉一些，又从山坡上弄些红土当血放在水里一搅，这样又省力又省血。老大还在背后说别人偷懒，不好好干，他如何卖力，还要太阳老人分个大的瓜给他。太阳老人只是笑呵呵地说："小伙子，好好干，一定会有收获的。"

再说老二，到瓜地一看，这太阳瓜已经长了好多年了，一共七七四十九个瓜，原来共有四十七个人，加上他们兄弟俩，正好四十九个人，每人一个。他一边干活，一边想：人家干了许多年了，付出了多大辛苦，而自己才来，回头也分个瓜，真不好意思。老二越想越脸红，就暗下决心，别人挑一担，他挑两担，别人滴两滴血，他滴四滴血，别人还没起床，他就起来干，别人睡下了，他穿好衣服偷偷再去多挑几担。这样，他才觉得心安理得。

转眼四十九年过去了，眼看黄澄澄、金灿灿的太阳瓜成熟了，不过有大有小，有熟有生。一天，太阳老人把众人叫到太阳瓜前，说：“大家辛苦了四十九年，付出了心血，就要换得成果。瓜有大有小，你们各自去找你们的主人吧。”说完，太阳瓜满地飞快地滚动起来。老大心想：那个大瓜快来到我跟前，可是眼巴巴看到那个顶大的瓜慢慢滚到了老二跟前，那个最小的瓜却来到了自己跟前。这时只听太阳老人说：“你们只要想吃什么、想用什么，向着太阳瓜说一声，就会送来。”

众人都试着叫了一声，果然都送来了好吃的，尤其是老二，有好酒好菜。而老大的却是粗茶淡饭，苦涩难咽。

金丝绞瓜

夏果初收唤绿华，冰盘巧簇映金瓜。
荷香飞上玉流霞。
明月长留千岁色，蟠桃多结几番花。
谁知罗带有丹砂。

——《浣溪沙·寿老母》（宋）
张辑

一、物种本源

拉丁文名称，种属名

金丝绞瓜，为葫芦科中西葫芦（*Cucurbita pepo* L.）的一个变种，又名金瓜、金丝瓜、金丝搅瓜、粉条瓜、面条瓜等。

形态特征

金丝绞瓜因其天然成丝似鱼翅，故得名鱼翅瓜，被誉为“素海蜇”、天然粉丝，是蔬菜中的稀有品种。又因为耐贮藏，被称为“天然罐头”。金丝绞瓜外形长圆，有金黄色的外壳，表皮光滑、美观，有微棱，瓜丝是天然形成的，嫩瓜和老瓜均可食用，但多以成熟的老瓜供食。目前种植的金丝绞瓜分有蔓型和无蔓型，我国引进的美国无蔓金丝绞瓜是一代杂交种，株高70厘米左右，展开度为50厘米，单瓜重为1.5～2千克，每公顷产量约5.25万千克。金丝绞瓜呈椭圆形，纵径为25～30厘米，横径为15～17厘米，肉厚为2.5～3厘米，皮薄、瓜瓤厚。

习性，生长环境

金丝绞瓜抗病、抗寒、适应性广，可春夏种植，生育期90天左右。耐低温贮藏，贮藏期可达6个月，可实现周年供应，用来调节蔬菜供应，也可以出口创汇。目前在我国山东、江苏、上海、安徽、新疆等地均有种植，其中以上海市崇明金瓜较为著名。另外，安徽宿州泗县产的金丝绞瓜有“宿州城外绞瓜甜，泗县瓜香瓤如锦”的美誉。

二、营养及成分

金丝绞瓜营养价值高，含有碳水化合物、蛋白质、钙、磷、维生素B_3、铁等营养物质。每100克金丝绞瓜的部分营养成分见下表所列。

碳水化合物	3克
蛋白质	0.6克
钙	21.4毫克
磷	17.4毫克
维生素B_3	0.5毫克
铁	0.2毫克
维生素C	0.2毫克

三、食材功能

性味 味甘，性凉。

归经 归肺、肝、脾经。

功能

（1）金丝绞瓜具有补中益气、利湿消渴、健脾润肺、消食清火的功效，可以治疗风热或肺热咳嗽、痰出不畅、痢疾、食积伤中、不思饮食、肠鸣泄泻、小儿积食等病症。

（2）减肥功效。金丝绞瓜基本不含脂肪，碳水化合物含量较低，食用后可补充氨基酸和矿物质元素。金丝绞瓜含有的葫芦巴碱成分可以有效地降糖，减少脂肪的合成。

四、烹饪与加工

金丝绞瓜蛋羹

（1）材料：金丝绞瓜、鸡蛋、盐等。

（2）做法：将金丝绞瓜洗净，用刀沿1/3处切开，分成顶与盅。用勺子将金丝绞瓜中间的籽挖掉，将顶上的籽也去除干净。将鸡蛋打入，放盐，再蒸熟即可。

蒸金丝绞瓜

蒸金丝绞瓜

（1）材料：金丝绞瓜、调料等。

（2）做法：将金丝绞瓜从中间切成两半，去除中间的籽和茎，沸水蒸10分钟左右。取出冷却后用筷子或者叉子搅拌，拌上调料即可。

凉拌金丝绞瓜

凉拌金丝绞瓜

（1）材料：金丝绞瓜、红辣椒、青辣椒、调料等。

（2）做法：用力拍打金丝绞瓜，切分后，去籽和外皮，切成丝状，放入锅内煮几分钟后取出，冷却。红辣椒、青辣椒切丝。向金丝绞瓜丝中加入红辣椒丝、青辣椒丝、调料，混匀即可。

五、食用注意

不宜大量生吃。金丝绞瓜不能直接大量生吃，否则很容易导致腹部疼痛，出现拉肚子等症状，还会给肠胃造成负担，影响肠胃功能。

传说故事

金瓜种子的故事

从前有一对兄弟，大儿子好吃懒做，不肯供养年迈的母亲，忠厚的小儿子就把母亲接到了自己家，精心照顾了母亲好几年，从没有不耐烦的样子。

春天来了，母亲想晒太阳，于是小儿子就把她背到院子里。家里屋檐很矮，母亲的头不小心撞到了屋檐，把屋檐上的燕子窝撞掉了，一只燕子落到了小儿子的脚边。小儿子把母亲送到院子后，又回来将燕子窝重新整理，小心地用双手捧起落在地上的燕子，将燕子放回窝里。后来，燕子从南方飞回来的时候，为小儿子衔来了一粒金瓜种子。小儿子把种子种在菜园里，浇水、施肥，很快就开出了金色的花，结出了金色的果。这瓜长得很快，不到一个月时间，就大到两个人围不拢了。八月十五那天，金瓜炸开了，里面装满了金银。小儿子用这些金银盖了新房，又买了几亩田，对母亲更孝顺了。哥哥追问弟弟是如何发财的，弟弟把金瓜种子的故事告诉了他。

又一个春天来了，哥哥背着母亲，又垫上一个凳子，故意让母亲的头撞到屋檐，也学弟弟整理燕子窝。后来，燕子从南方飞回来，也为哥哥带回金瓜种子。哥哥欢天喜地种金瓜，金瓜很快长大了。哥哥以为金瓜里一定有许多金银，就到处借钱，整天大鱼大肉。八月十五到了，哥哥蹲在金瓜的旁边，可是等到晚上金瓜还是没有开口。哥哥拿起一把斧头砍下去，不见金银，只有一位微笑着的白胡子老爷爷，他笑着说："我笑你借了那么多钱，怎么还得起哦。"

丝瓜

黄花褪束绿身长，白结丝包困晓霜。
虚瘦得来成一捻，刚偎人面染脂香。

——《咏丝瓜》（宋）赵梅隐

一、物种本源

拉丁文名称，种属名

丝瓜（*Luffa aegyptiaca* Miller），为葫芦科丝瓜属植物，又名天丝瓜、天罗、布瓜、蛮瓜、绵瓜、天络瓜、天吊瓜、纯阳瓜、洗锅罗瓜、水瓜、絮瓜、砌瓜、天罗絮等。丝瓜为一年生攀缘类草本植物。

形态特征

丝瓜植株的茎、枝粗糙，有棱沟。叶柄粗糙，长为10~12厘米，具不明显的沟，近无毛。叶片呈三角形或近圆形，长、宽为10~20厘米，上面深绿色，粗糙，有疣点，下面浅绿色，有短柔毛。雌雄同株。果实呈圆柱状，直的或稍有弯形，表面平滑，通常有深色纵条纹，未熟时肉质嫩，成熟后干燥，里面为网状纤维。

习性，生长环境

丝瓜为短日照作物，喜欢较强的阳光，较耐弱光。丝瓜喜温、耐热，生长发育的适宜温度为20~30℃；喜湿、怕干旱，土壤湿度较高、含水量在70%以上时生长良好，低于50%时生长缓慢，空气湿度不宜小于60%；适应性较强，对土壤要求不严格，在各类土壤中都能栽培。

据考证，丝瓜原产于印度，唐末传入我国，现全国各地广泛栽培。丝瓜也广泛栽培于世界温带、热带地区。

二、营养及成分

丝瓜中含有碳水化合物、膳食纤维、蛋白质、钾、脂肪、磷、钙、镁、维生素C、维生素B_3、铁、维生素E等营养物质。每100克丝瓜的部分营养成分见下表所列。

碳水化合物	3.6克
膳食纤维	1.4克
蛋白质	1克
钾	0.1克
脂肪	0.1克
磷	45毫克
钙	20毫克
镁	11毫克
维生素C	5毫克
维生素B_3	0.4毫克
铁	0.4毫克
维生素E	0.2毫克
锌	0.2毫克

三、食材功能

性味 味甘，性凉。

归经 归肺、肝、心、胃经。

功能

（1）抗菌作用。研究表明，丝瓜粉末对黑曲霉的抑菌效果非常显著。丝瓜伤流液中含有多糖、过氧化物酶等物质，具有抑菌作用。研究还发现，丝瓜提取物对乙型脑炎病毒感染有明显的预防作用。在丝瓜组织培养液中还提取到一种抗过敏性物质——泻根醇酸，其有很强的抗过敏作用。

（2）抗氧化作用。研究发现，丝瓜伤流液可以清除DPPH和羟基自由基，还可较强地抑制卵黄脂质过氧化及红细胞溶血。其抗氧化活性成分主要为黄酮类物质。

（3）改善记忆力。研究表明，丝瓜提取物可以保护β-淀粉样蛋白诱导的PC12细胞损伤，还可改善衰老小鼠的学习记忆能力，增强机体免疫活性，延缓衰老进程，说明丝瓜具有对老年性痴呆神经的保护机制。

（4）止咳祛痰作用。明代前后，人们已认识到丝瓜有通经活络、去风化痰的功效，可用来治疗痰喘咳嗽。丝瓜用来治疗慢性气管炎、支气管炎也有较长的历史。

（5）美容养颜作用。丝瓜中含有与护肤密切相关的维生素B_1和维生素B_2，不仅能抗衰老，还有利于大脑的发育。丝瓜中还含有大量的维生素C，是护肤中不能缺少的部分，不仅能增白、消斑、保持皮肤细嫩，还能预防坏血症。

四、烹饪与加工

丝瓜炒鸡蛋

丝瓜炒鸡蛋

（1）材料：丝瓜、鸡蛋、盐、料酒、油等。

（2）做法：打入2~3个鸡蛋，加入少量盐、料酒，搅拌均匀备用。将丝瓜去皮、切片或切丁，焯水后，沥水备用。猛火将炒锅加热，入油，待油温升高倒入鸡蛋，炒熟盛碗备用。猛火将炒锅加热，入油，待油温升高倒入丝瓜炒熟，加入已熟的鸡蛋一起炒，后按个人口味加入盐翻炒一下，即可装盘。

丝瓜炒毛豆

（1）材料：丝瓜、毛豆、油、大蒜、盐、糖等。

（2）做法：丝瓜去皮，洗净，切片，用盐腌制10分钟。大蒜切片。

锅烧热放油、大蒜，然后放丝瓜、毛豆、少许糖，盖上盖子，大火烧3分钟即可起锅装盘。

丝瓜炒毛豆

丝瓜汁饮料

选用新鲜的丝瓜，洗净榨汁，按照比例加入一定的蜂蜜调配出适宜的口感。

丝瓜果脯

将新鲜的丝瓜洗净后去皮，切成薄片状，厚度为4~5毫米，然后经过熬煮、糖浸、烘焙、消毒、包装即可。

五、食用注意

（1）丝瓜性凉，多食易致腹泻，不可生食。

（2）慢性胃炎、慢性肝炎、脾虚泄泻、大便溏薄者忌食。

（3）患脚气、虚胀、冷寒之人食用丝瓜会增强病势，故忌食。

传说故事

丝瓜鞋垫的故事

明朝弘治年间，河南府下卢氏县有一张员外，为人慷慨和善，常救济乡邻，在当地颇有名望。员外膝下育有一子，面如冠玉。然不知何故，张公子自束发之年后，每逢迈步便足心出汗，时有恶臭绵绵。冬日尚好，其他三季皆尴尬至极。

员外一家访遍名医，束手无策，煞是苦恼。偶然一日，张员外听闻巩义慈云寺净慈法师正于河南府做客，遂连夜赶往河南府，寻求大师帮助。净慈法师听闻后，一并与员外回府。见得公子后，遂命人摘下院墙上天罗（丝瓜）三五根。剥掉外衣，配中药熬制天罗水，命其服下。另叮嘱取四根天罗，以中药浸泡数日后晒干，取其经络，执入公子鞋内，如此坚持数月，足疾定好。说也奇怪，数月后，公子的足疾竟然痊愈了，此番佳话被人们纷纷流传。

白瓜

疑坠人间白玉盘，喜温犹自性偏寒。
食材妙用知多少，皮叶虽奇亦可餐。

——《白瓜》（现代）关行邈

一、物种本源

拉丁文名称，种属名

白瓜（*Cucurbita pepo* L.），又名稍瓜、酥瓜、生瓜、庵瓜、水瓜、小瓜等。白瓜是葫芦科甜瓜属一年生藤本植物。

形态特征

白瓜植株的茎密被黄褐色毛。叶柄粗壮，叶片肾状近圆形，宽为10～30厘米，边缘有小锯齿，两面生有硬毛。雌雄同株。果实长圆柱状或近球状，有毛和白粉。种子卵形，白色或淡黄色，压扁状。

习性，生长环境

白瓜属喜温作物，耐寒性差，一般在土温15℃和气温20℃以上的季节栽培。白瓜主要品种有白皮、青皮、花皮三种。根据历史记载，白瓜是我国的原生瓜类，已有3000多年的种植历史，现全国除高寒地区外均有种植。

二、营养及成分

白瓜中含有碳水化合物、蛋白质、膳食纤维、脂肪、钾、维生素C、磷、镁、钙、钠、维生素E等营养物质。每100克白瓜的部分营养成分见下表所列。

碳水化合物	1.7克
蛋白质	0.9克
膳食纤维	0.9克
脂肪	0.1克

钾	70毫克
维生素C	16毫克
磷	11毫克
镁	8毫克
钙	6毫克
钠	1毫克
维生素E	0.2毫克
锰	0.1毫克
铁	0.1毫克

三、食材功能

性味 味甘，性寒。

归经 归肠、胃经。

功能

（1）保护心血管。白瓜富含矿物质和维生素等，还含有瓜氨酸、腺嘌呤、天门冬氨酸等物质，钠含量很低，比较适合高血压人群。

（2）降脂减肥。白瓜中的膳食纤维可以使人有饱腹感，同时可以减少脂肪的摄入，起到降血压、降低血脂和降低胆固醇的功效，从而预防心脑血管疾病的发生，并且可以促进胃肠道的蠕动，使胃肠道内毒素尽快排出体外，从而预防肠道疾病的发生，起到瘦身减肥的作用。

（3）白瓜中含有多种氨基酸，可以疏通小便、利水肿。

四、烹饪与加工

素炒白瓜

（1）材料：白瓜、油、盐、生抽、鸡精等。

（2）做法：白瓜洗净，切片。热锅内倒入适量的油，下白瓜翻炒，加盐、生抽、鸡精，炒至刚变色即可。

白瓜汤

（1）材料：白瓜、葱、猪油、盐、鸡精等。

（2）做法：将白瓜去皮、切片，将葱切碎。锅内放入猪油，烧热，放入白瓜翻炒至变色。加入水没过白瓜，煮约6分钟，加入盐、鸡精、葱，翻几下即可。

白瓜奶昔

白瓜清洗干净，去皮切块，将切好的白瓜与酸奶一起用料理机打碎，放入冰箱冷藏一段时间后食用。

白瓜奶昔

五、食用注意

（1）脾胃气虚、腹泻、大便稀疏者应忌食生冷白瓜。

（2）月经来潮和寒性痛经的女性不可食用生白瓜。

（3）发苦的白瓜中含有葫芦素，进食后人可能中毒，引起恶心、腹痛或腹泻等症状，严重的还会有生命危险，因此不能食用发苦的白瓜。

稍瓜打金牛的传说

据传，在很久以前，张庄村里有个财主靠多年养牛发家。这一年，他养了99头牛，每天到老湾饮牛，饮牛时，无论怎么数都正好是100头，村里人都觉得很奇怪。一天，有个南方人进京赶考路过此地，得知这件事后，就围着老湾查看，发现多出的牛是一头金牛。怎么才能捉到这头金牛呢？南方人从湾边一户菜园子里发现了一个稍瓜，这个瓜是用神庙前的土栽培的，用老湾的水浇灌的，正是捉住金牛的好东西。于是，南方人告诉种瓜的老农，这个瓜他要高价买下，但让老农再看管100天，到时候他回来摘瓜付钱，老农答应了。

秋风越来越凉，老农住在窝棚里实在受不了，眼看瓜已经发黄，一算时间，他错把99天当成了100天，便认为那个南方人是个骗子，就把这个稍瓜摘了下来。第二天，南方人来了，得知老农提前一天摘了瓜，很是着急，就拿着稍瓜去了老湾。等到财主家赶着99头牛来饮牛时，南方人便用稍瓜打那头金牛，可惜只打下金牛的一只角，从此，那头金牛便不再出现了。

后来，人们思念这头金牛，就将村名改为“稍瓜张庄”，并在祖墓旁立碑纪念，碑顶立一金牛，只有一只角。现在，虽然这个墓已经没有了，但“稍瓜打金牛”的故事一直流传着。

山瓜

山中野草本无奇，旧日乘风偶落遗。
红粉花开双蝶羽，青葱蔓绕一墙篱。
炮香荚豆能消火，蒸糯根须可解疲。
不似参乌千岁宝，来年复采夏秋时。

——《山瓜》（现代）单冬冬

一、物种本源

拉丁文名称，种属名

山瓜一般指野豇豆［*Vignavexillata*（L.）Rich.］，为多年生攀缘或蔓生植物。为豆科豇豆属植物，又名山土瓜、野绿豆、野豆子、鼠尾豆、野刚豆子、六豆参、野汤豆等，俗名“粑粜药”。

形态特征

山瓜根呈纺锤形，木质。茎被开展的棕色刚毛，老时渐变为无毛。荚果直立，线状圆柱形，长为4～14厘米，宽为2.5～4毫米，被刚毛。种子有10～18颗，浅黄色至黑色，无斑点，或棕色至深红色而有黑色小点，矩状椭圆形，长为2～4.5毫米。花期为7—9月。

习性，生长环境

山瓜生于海拔300～1600米处山坡、路旁或草丛中。分布于我国华东、华南至西南各地，印度、斯里兰卡等国家也有种植。

二、营养及成分

山瓜的鲜根水分含量为61.5%，60～62℃干燥后，测得粗纤维18.1%、粗蛋白23.2%、粗脂肪2.9%、碳水化合物（总糖）16.5%。鲜山瓜根含有的糖化酶活力较大，分别以糯米、面粉、大米为底物，60℃处理1小时，糖化程度依次为糯米、面粉、大米，糖化酶的活力大概是淀粉酶的3～4倍，植物性糖化酶在食品加工中具有较大的应用前景。山瓜中含有生物碱类、黄酮类、皂苷类、多糖、酚类、有机酸等多种化学成分。

三、食材功能

性味 味甘、苦，性平。

归经 归胃、肝、大肠经。

功能

（1）抗病毒。现代药理学研究表明，山瓜总生物碱具有抗柯萨奇病毒B3、B5和呼吸道合胞体病毒等活性。

（2）抗炎。山瓜中分离得到的紫檀素类黄酮可以抑制脂多糖诱导的巨细胞产生的炎症介质，达到抗炎的作用。

（3）抗氧化和抑菌。山瓜中的乙酸乙酯提取物对金黄色葡萄球菌有明显的抑制作用。山瓜根黄酮对常见菌的抑制作用从大到小依次为金黄色葡萄球菌、沙门氏菌、志贺氏菌、枯草芽孢杆菌、大肠杆菌、酵母菌，对黑曲霉无明显抑制作用。

（4）预防心脑血管疾病。山瓜中发现的自然界中较为少见的维A酸X受体激动剂，它具有激活核受体的活性潜力，从而调节细胞的功能。此外，它还具有诱导某些基因特异性表达的能力，因此对心脏病、糖尿病和动脉粥样硬化等有预防作用。

四、烹饪与加工

山瓜糍粑

冬天将从土中挖出的山瓜块根洗净捣烂，按每50千克糯米添加1～1.5千克山瓜的比例，加入刚蒸熟出笼的糯米饭中（60～70℃），趁热捣烂搅匀，做成糍粑。山瓜块根中的糖化型淀粉酶可水解支链淀粉，使糯米饭中不用添加任何糖类也能甜软可口，这就是山瓜俗称“粑粜药”的由来。

五、食用注意

山瓜与其他豇豆一样，含有植物凝集素和皂角素。皂角素对肠胃黏膜具有很大的刺激性，人体一旦食用过量就会出现恶心、呕吐、腹泻等症状，甚至会出现呕血、四肢麻木等情况。植物凝集素则对细胞有破坏作用和凝血作用，情况严重的还会导致出血性炎症。所以，应事先将山瓜充分加热煮熟，保证有害物质彻底分解之后才可以食用。

传说故事

李时珍与山瓜

当年，李时珍为了编写《本草纲目》游遍了全国。当来到广西时，当地持续的高热天气使他感到不适，咽喉疼痛，不能言语。这可急坏了他，不能说话也就意味着他不能向那些百姓和药农询问药材的作用和功效。

这天，他继续上山寻找和记录所见到的药材。当他看到一株植物时，便心生疑惑。这株植物他似乎见过，但仔细分辨却又有不同，在记录之时他举棋不定。就在此时，他遇到一个在山中采药的药农，便上前询问，但由于咽喉疼痛，不能言语，几乎无法与药农交流，只能干着急。药农看到他着急的表情，又看了看他的咽喉，便将这株植物连根拔起，将根洗净，用刀切下一片让他含着。没多久，他便觉得嗓子好了很多，也能言语了，这让他高兴万分。

他立即向药农询问这植物叫什么名字，药农告诉他，这药苗蔓如豆，八月采根用，于是当地人都叫它山瓜，用来治疗喉痛、喉风、喉痹、牙龈肿痛等。于是，李时珍便将这药的详细产地和功用都记录了下来。在后来的寻访当中，他又详细记录了这种药材能够治疗急黄和痢疾等的功效以及其简便使用方法。

地瓜

拨沙拔茅锄作园，耕时十旬九旬喂。
夏畦冒雨种地瓜，秋天霜冷枯根芽。

——《海边耕》（节选）（清）洪繻

一、物种本源

拉丁文名称，种属名

地瓜，一般指豆薯［*Pachyrhizus erosus*（L.）Vrb.］，为豆科豆薯属植物，又名土瓜、凉瓜、凉薯、薯瓜等。

形态特征

成熟的地瓜呈纺锤形，并有凹槽，呈现瓣状结构，皮呈淡黄偏白色，剥开外面微黄的皮，里面的肉极白，肉的质地看起来有点像红薯。地瓜成熟时，剥开时会发出一种裂开的声音，并且依稀可以看到裂开的痕迹，吃起来比红薯清甜、香脆可口。

习性，生长环境

地瓜通常采用营养土育苗，连同营养土一起移栽取苗。营养土中加入抗虫剂，这样可有效地防止地瓜苗遭受虫病害。培育温度以常温为宜，温度偏高会导致果实水分偏少，温度升高要适当增加浇水量，并保证充足的阳光，促进碳水化合物的形成，提高果实的甜度。地瓜块根耐贮藏，可作为调节蔬菜，实现周年均衡供应。地瓜主要种植于我国福建、台湾、广东、广西等地，在北方也有高产地瓜的种植技术，属稀特蔬菜行列。地瓜一般在4月中旬种植，8月开花，11月结果，秋季采收。

二、营养及成分

地瓜根茎肥厚，鲜嫩多汁，含有水溶性糖、淀粉、蛋白质、钾、磷、钙、镁、维生素C、钠等营养物质。每100克地瓜的部分营养成分见下表所列。

水溶性糖	55.5克
淀粉	35.2克
蛋白质	7.3克
钾	0.1克
磷	24毫克
钙	21毫克
镁	14毫克
维生素C	13毫克
钠	6毫克
铁	1毫克
维生素B_6	0.2毫克
维生素B_3	0.2毫克

三、食材功能

性味 味甘，性凉。

归经 归肺、胃二经。

功能

（1）滑肠通便，健胃益气。地瓜具有较多的膳食纤维，经常食用能改善肠道蠕动，促进通便。

（2）减肥功效。地瓜有滑肠的作用，可减少脂肪吸收，增加饱腹感，减少进食欲望，从而达到减肥的目的。

（3）降血压、降血脂。地瓜中的多糖成分有降低血压、血脂，抗氧化和提高免疫力等功效。

四、烹饪与加工

凉拌地瓜

（1）材料：地瓜、盐、糖、麻油、味精等。

（2）做法：地瓜洗净去皮，切片。放入少许盐、糖、麻油和味精，搅拌均匀即可。

凉拌地瓜

炒地瓜

（1）材料：地瓜、肉、姜、葱、蒜、辣椒、盐、油、白醋等。

（2）做法：地瓜洗净去皮，切成丝。肉切成小块。姜切丝，葱切丁，蒜切片，辣椒切丁待用。锅置火上，加入油，油温八成热时放入姜、葱、蒜炸香，放入肉炒至八成熟，再放入地瓜翻炒均匀，当地瓜略变色时，加入盐、白醋翻炒均匀，最后加入辣椒翻炒约30秒即可出锅。

炒地瓜

地瓜酸奶

工艺流程：去皮→打浆→过滤→地瓜汁与新鲜牛奶、白砂糖混匀→均质→杀菌→冷却→发酵→冷却。

具体步骤：将新鲜的地瓜清洗后，去皮，打浆，过滤除去大颗粒，再将新鲜地瓜汁、新鲜牛奶混合，并加入适量的白砂糖，加热溶解，混匀均质，进行巴氏杀菌，冷却至40℃左右接种，43℃发酵4小时，过夜冷藏后即获得地瓜酸奶。

五、食用注意

（1）地瓜是一种寒凉性的食材，不适宜寒性体质和脾虚寒的人群食用，另外，习惯性腹泻和血糖偏高的人群也不宜食用地瓜。

（2）地瓜可以生食，但要控制量，不然容易腹胀，宜蒸熟煮透再食用。

（3）不要食用有黑斑的地瓜，因为里面的病毒不易被高温破坏与杀灭，容易引起发热、恶心、呕吐、腹泻等一系列中毒症状，甚至会危及生命。

传说故事

滚烫的豆薯泥

一天，慈禧太后来到河南开封，听说杞县的豆薯泥特别好吃，于是就吩咐开封府为她准备。

而当时开封城里没有一个能做豆薯泥的厨师，只好派人到杞县请人去做，做好之后再带回开封。办差的刚回来，早已等得不耐烦的慈禧太后拿起筷子便吃，谁料却被烫得两眼流泪。开封距杞县50公里，当时的快马也得一个半小时才能跑一个单程，可见豆薯泥散热之慢。

老鼠瓜

山柑之果老鼠瓜，源于中亚西班牙。
药食两用功能多，疆藏牧草固风沙。

——《老鼠瓜》（现代）左诗雯

一、物种本源

拉丁文名称，种属名

老鼠瓜，一般指刺山柑（*Capparis spinosa* L.），为山柑科山柑属多年生蔓生小半灌木植物，又称野西瓜、瓜儿菜、槌果藤、马槟榔等。

形态特征

茎丛生，匍匐状。叶阔椭圆形或倒卵形，两面无毛，有光泽。浆果倒卵形，少数椭圆形，种子多数。老鼠瓜地上茎叶在入冬后全部枯死，只有被沙埋的部分可越冬。从越冬茎上发出的新蔓，第一年长1米左右，以后逐年增长，成年植株长达4米，常形成直径为3~6米的近圆形的匍匐状灌丛。越冬的茎部随着积沙的加厚而增长，并逐年加粗，成年植株有如手腕粗细者，因其逐年木栓化，横断面上具有明显的年轮。

习性，生长环境

老鼠瓜春季发芽较晚，4月下旬或5月上旬开始有花，随着蔓枝的增长而不断开花结果，直到初霜。从开花到果熟约需30天。老鼠瓜适应性强，喜温暖湿润的气候，也耐干旱，对光照要求不严，稍耐阴，是一种优良的固沙植物。适宜的生长温度为25～35℃，湿度为40%～75%，光照条件为半遮阳至全光照，可在环境可控的景观温室中周年种植。老鼠瓜主要分布于地中海、中亚和西亚。在我国，老鼠瓜主要集中分布于新疆、西藏和甘肃等地。据调查，塔里木盆地、准噶尔盆地和吐鲁番盆地三个盆地均有老鼠瓜，其中吐鲁番盆地是分布较集中的地区，火焰山下有大片密集的老鼠瓜灌丛。

二、营养及成分

老鼠瓜种子含油率为34%~36%，含有多种脂肪酸，不饱和脂肪酸含量为93%以上。老鼠瓜果实中含有挥发油、生物碱类、类黄酮类、萜类以及芥子油苷等物质。

三、食材功能

性味 味辛、苦，性温。

归经 归肝经。

功能

（1）抗炎止痛。老鼠瓜果实和茎叶有显著的抗炎和镇痛作用，老鼠瓜果实提取物可以显著抑制二甲苯造成的小鼠耳肿胀。

（2）保护肝、肾的作用。老鼠瓜中的对甲氧基苯甲酸具有保肝作用。老鼠瓜提取物能降低由环磷酰胺引起的丙二醛、血清肌酐、血尿素氮的含量升高，具有保肾作用。

（3）降血糖和降血脂。连续服用老鼠瓜果实水提物能抑制基础内源性葡萄糖的生成，提高外周组织胰岛素敏感性能，显著降低糖尿病大鼠血糖水平。老鼠瓜提取物降脂作用主要体现在可以提高高密度脂蛋白水平，降低低密度脂蛋白和肝酶的水平。

（4）抗氧化。老鼠瓜果实的甲醇提取物能够清除DPPH和ABTS的自由基，从叶中提取的精油也有抗氧化活性。

四、烹饪与加工

老鼠瓜罐头

采集老鼠瓜果实或者花蕾，浸泡在7%的氯化钠溶液或者醋中发酵

20天左右，灭菌后封装。一般用清水洗涤后作为调味料直接添加于食物中。

披萨（点缀老鼠瓜）

（1）材料：面粉、酵母、黄油、糖、盐、奶酪、老鼠瓜、洋葱、肉、番茄酱等。

（2）做法：水、酵母、盐、糖混合，加入面粉中和面，揉至光滑，加入黄油继续揉成光滑、延展性好的面团，将面团放置于涂过油的披萨盘内，用牙签在披萨表面扎一些小孔，发酵1～2小时，发酵好的披萨底表面涂抹上一层番茄酱，撒上一层奶酪，奶酪上面撒上老鼠瓜、洋葱、肉，再在表面撒上奶酪，在220℃的烤箱烤10～15分钟，将披萨取出后，冷却后即可享用。

披萨（点缀老鼠瓜）

五、食用注意

体质虚寒者应少食用老鼠瓜，否则可能会出现腹泻、腹痛等症状。

“老鼠瓜”名字的来历

“老鼠瓜”又叫作“老鼠拉冬瓜”，老鼠瓜其实并不是老鼠喜欢吃的瓜，而是因为在过去常被用来治疗老鼠咬伤，所以才将它称为老鼠瓜，又由于它所结的野果形态比较特别，因此又被称为老鼠拉冬瓜。

在酷热干旱的吐鲁番盆地，坎儿井滋养了一片绿洲。而在野外，很难想象哪种植物可以安然生息。实地探访却会发现有一种匍匐的植物成片存在着，它就是老鼠瓜，其叶片厚实椭圆，槌状果实如橄榄大小，翠绿布有条纹，似迷你西瓜，因此其在民间被称为“野西瓜”或“槌果藤”。

其实，它原名叫“刺山柑”。据说，该植物果实或种子最早由波斯商人沿丝绸之路带入新疆，被老鼠偷吃后，排出粪便间接帮助传播了种子，因而又称“老鼠瓜”。至今，新疆一直保有用老鼠瓜治疗风湿的民间偏方。

五彩椒

五色椒珍辣味足，蓝黄白紫红悦目。辣高常椒十余倍，孩童沾唇闹跳哭。

——《五色椒》流传于山东蔬菜之乡寿光的民谣

一、物种本源

拉丁文名称，种属名

五彩椒为茄科辣椒属辣椒（*Capsicum annuum* L.）的一种，又名朝天椒、五色椒等。五彩椒属多年生草本植物，常作一年生栽培。

形态特征

五彩椒植株高为30～60厘米，茎直立，较多分枝，单叶互生，叶呈卵形至长圆形。花期从5月初至7月底，花呈白色，果实一般由绿转为红、黄、白、紫等颜色，呈圆锥状或卵状或圆球状或扁球状等，簇生于枝端，直立或稍斜出，形态各异，极具观赏价值。

习性，生长环境

常作为盆栽供观赏，果实也可食用，同青椒风味，极具观赏价值和药物价值。五彩椒喜温暖、干燥、阳光充足的环境，不耐寒，生长适宜温度为20～30℃。适宜在具有较好的排水性能、疏松肥沃的壤土和沙壤土中栽培，也可单株或多株种植于盆中，置于室内或阳台观赏等。原产于美洲，现各国广为栽培。

二、营养及成分

五彩椒中含有碳水化合物、膳食纤维、蛋白质、脂肪等营养物质。每100克五彩椒的部分营养成分见下表所列。

碳水化合物	6.4克
膳食纤维	3.3克
蛋白质	1.3克
脂肪	0.2克

三、食材功能

性味 味甘，性温。

归经 归脾、胃经。

功能

（1）预防心血管疾病。能够使血液中的良好胆固醇增加，改善动脉粥样硬化以及辅助治疗各种心血管疾病。

（2）促进新陈代谢。其中的椒类碱能够促进脂肪的新陈代谢，防止体内脂肪积存，从而具有减肥的效果。

（3）抗老化。五彩椒具有强大的抗氧化作用，可淡化面部黑斑及雀斑，可预防白内障、心脏病，使体内的细胞活化。

四、烹饪与加工

五色椒炒鸡蛋

（1）材料：五色椒、鸡蛋、盐、油、鸡精、生抽等。

（2）做法：将切成小块的五色椒与鸡蛋液混匀，加入适量的盐，油热后进行炒制，加入适量的鸡精、生抽调味。

五色椒沙拉

将五色椒与其他的鲜食蔬菜如洋葱、苦菊等洗净晾干，将准备好的蔬菜切丝、削片或者切丁，置于碗中混匀，加入熟芝麻、熟花生粉搅拌均匀，浇上沙拉酱即可食用。

五色椒沙拉

腌五色椒

五色椒用醋或酱腌制，腌制时加入酱油、醋精、冰糖、蒜头等作为辅料。

五色椒干

将采摘后的五色椒穿线后，挂于通风、干燥处进行干制，或者在烘箱内进行干制。

五、食用注意

肝火旺盛或者肠道不适者不宜多食。

延伸阅读

五色椒的来历

五色椒原产于美洲地区，秋天为观果期，因果实具有辣味，被当地人长期当作调味品。据说在18世纪末，巴西有位叫布拉克的牧师，有次到乡下的一个朋友家去做客。主人精心制作了几个小菜招待他，菜的风味独特，他吃了赞赏不已，一问才知是放了五色椒调味。临别时，朋友特地送了一株五色椒给他，让他带回城种植，长期采摘食用。他意外地发现五色椒最吸引人的不是味道，而是它那小巧玲珑、晶莹夺目的果实。他的亲戚、朋友和邻居都纷纷向他索要种子。五色椒作为观赏植物很快被广泛种植，并漂洋过海，遍布世界各地。

小米椒

朝天望月小米椒，红黄带橙大红少。
嫦娥拨云赏椒姿，椒看色香月宫飘。

——《小米椒》（现代）石喜芝

一、物种本源

拉丁文名称，种属名

小米椒为茄科辣椒属辣椒（*Capsicum annuum* L.）的一种，一般指朝天椒，是一年生或多年生草本植物。

形态特征

小米椒植株高为60~80厘米。果实生长过程中颜色由淡绿色变至红色，干制后的小米椒为红色带橙黄色。单叶互生，呈卵形或心形，浅绿黄色。花两性，白色，辐射对称。果实单重为3.5~5克。

习性，生长环境

小米椒原产于南美洲，后经厦门引入，现全国各地均有栽培，主要分为秋播和春播。江西赣州、福建龙岩等地为小米椒的主要产地，最为著名小米椒的出自江西赣州石城县。

二、营养及成分

小米椒富含维生素C、胡萝卜素、多酚、辣椒素、辣椒碱、蛋白质、糖类、色素、龙葵素、脂肪油、挥发油等。

三、食材功能

性味 味辛，性热。

归经 归脾、胃经。

功能

（1）对消化系统的作用。辣椒碱内服可作健胃剂，有促进食欲、改善消化的作用。辣椒素对胃黏膜的作用与其剂量和应用持续时间有关，大剂量、持续使用会损伤胃黏膜，引起胃炎、肠炎、腹泻等不良反应，小剂量则可抑制胃酸分泌，促进胃血流供应与黏液分泌，加快修复损伤的黏膜，从而发挥保护胃黏膜的作用。

（2）抗菌和杀虫。辣椒碱能够抑制大肠杆菌、金黄色葡萄球菌、啤酒酵母等细菌及真菌，且在不同的pH值及温度下能保持稳定性，但对真菌中的霉菌类无抑制作用。辣椒碱对桃蚜有较强的毒力和良好的防治效果。

（3）对心脑血管的作用。辣椒素可改善心脏功能，保护心脑血管系统，有相关大鼠试验已经证实，辣椒素对大鼠的血压、心率、肾交感神经放电、血管张力均有兴奋作用，可以防止血压升高，但是注射量过多则会引起血压升高。

（4）对神经系统的影响。小剂量辣椒素特异性地刺激感觉神经释放神经肽类物质，进而对各类器官的缺血再灌注起保护作用。

四、烹饪与加工

小米椒酱

小米椒酱

（1）材料：小米椒、大蒜、生姜、盐、油等。

（2）做法：将小米椒打碎，加入搅碎后的大蒜、生姜。锅内倒入油烧热，关火，将小米椒倒入锅中，加盐后搅拌均匀，装入干净的玻璃罐内即可。

小米椒干

小米椒采收的基本标准是果皮浅绿并初具光泽，果实不再膨大。采收要根据商品需求及时进行，一般在定植后30

天左右始收，采收盛期3~5天可采收1次。选择成熟度一致、大小均一、颜色均匀、无病虫害和无机械损伤的小米椒，洗净，沥干表面水分，自然晾干或烘干。

小米椒干

发酵小米椒

工艺流程：挑选→清洗→称量→调味→调香→发酵→灭菌→装罐。

操作步骤：挑选无虫咬、完整的小米椒，清洗后将小米椒和少量大蒜装入含有白糖、食盐、白醋等辅料的水缸中，28℃恒温发酵。最后，结束发酵、灭菌后装罐。

发酵小米椒

五、食用注意

（1）小米椒一次不宜食用过多。辣味重的容易引发痔疮、疖疮等炎症。

（2）溃疡、食道炎、咳喘、咽喉肿痛、痔疮患者应少食。

传说故事

乐山无五更

朝天椒是个喜庆的名字，之所以会叫这个名字，是因为其果实个个红润饱满，如同红蜡烛雕出的钻头一般不屈不挠的朝向天空。宋代大文学家苏东坡在四川乐山的凌云山东坡楼设馆讲学时，因凌云山大佛崖下的大佛沱可通东海，东海龙王便命三太子到凌云山向苏东坡求学。三年后，太子学成而归，龙王十分感谢苏东坡，便邀他到龙宫赴宴。宴席上一种形状尖长、色如翡翠、清香而有辣味的鲜菜最受苏东坡喜爱，他便问龙王为何菜，答曰："小米辣椒。"回来时苏东坡向龙王要了些辣椒籽，又向龙王借了块地种辣椒，并与龙王相约，打五更便归还土地。为了保住辣椒园，苏东坡与当地人商量好，自此以后，每夜打更皆不打五更。于是保住了辣椒园，世上便有了小米椒，而乐山城也就从不打五更了。

灯笼椒

红象灯笼青似钟，青红口味略不同。
厨烹荤素难缺席，佳肴点缀显其功。

——《灯笼椒》（现代）成步高

一、物种本源

拉丁文名称，种属名

灯笼椒为茄科辣椒属辣椒（*Capsicum annuum* L.）的一种，又名大椒、甜椒、菜椒等。

形态特征

灯笼椒花小，雌雄同株或异株。种子似肾状，具三棱，长约4毫米，殊红色。果梗直立或俯垂，果实大型，近球状或圆柱状或扁球状。花期为4—8月，果期为7—11月。由于它颜色鲜艳，培育出来的品种有红、黄、紫等多种颜色，故名又叫“彩椒”，因此不但能自成一菜，被广泛用于配菜。

习性，生长环境

灯笼椒产于陕西、甘肃、江苏、安徽、浙江、江西等地，生于海拔300~2200米的山坡、溪旁灌木丛中或林缘。

二、营养及成分

灯笼椒中含有碳水化合物、膳食纤维、蛋白质、脂肪、维生素C、辣椒素等营养物质。每100克灯笼椒的部分营养成分见下表所列。

碳水化合物	3.8克
膳食纤维	1.3克
蛋白质	1克
脂肪	0.2克

维生素C	0.1克
辣椒素	35.2毫克
维生素E	0.4毫克
维生素B_3	0.4毫克
维生素B_6	0.1毫克

三、食材功能

性味 味辛，性热。

归经 归心、脾经。

功能

（1）免疫调节作用。研究表明，灯笼椒果胶及其改性果胶内具有调节THP-1巨噬细胞的TNF-α、TNF-β、IL-1β抗氧化蛋白和IL-10分泌的内在激活能力。灯笼椒果胶在脂多糖存在时可以通过减少促炎细胞因子的产生和增加抗炎细胞因子的产生，降低THP-1巨噬细胞的TNF-α、TNF-β、IL-1β抗氧化蛋白和IL-10分泌来实现抗炎效果，灯笼椒果胶不是完全促炎性的，但是可以作为免疫调节剂使用。

（2）解热镇痛。灯笼椒能够通过使人体发汗来降低体温，并缓解肌肉疼痛，因此具有较强的解热镇痛作用。

（3）增加食欲。灯笼椒强烈的香辣味能刺激唾液和胃液的分泌，增加食欲，促进肠道蠕动，帮助消化。

（4）降脂减肥。灯笼椒所含的辣椒素能够促进脂肪的新陈代谢，防止体内脂肪积存，有利于降脂、减肥、防病。

（5）杀菌。灯笼椒及灯笼椒籽中均含有辣椒素、黄酮和芳香化合物等有效成分，因此具有杀菌、抗氧化等功能。

灯笼椒干

将采摘后的灯笼椒洗净、沥干水分，晒干或者置于烘箱中干燥。

灯笼椒干

灯笼椒拌菜

将灯笼椒与其他的鲜食蔬菜如生菜、紫甘蓝、甘蓝、苦菊等洗净晾干，将准备好的蔬菜切丝、削片或者切丁，置于碗中混匀，加入盐、醋、姜汁、蒜汁、芥末油等混合均匀，浇上即可食用。

灯笼椒拌菜

灯笼椒裹肉

（1）材料：灯笼椒、五花肉、鸡蛋、香辛料、老抽、料酒、盐等。

（2）做法：灯笼椒洗净，在顶部1/5处切成两节，用小勺挖去辣椒籽，待用。五花肉剁成泥，加入料酒、老抽、盐、香辛料、鸡蛋、水搅打成馅，塞入挖空的灯笼椒，在烤盘中摆好，放入烤箱中烤30分钟即可。

灯笼椒裹肉

贵州糍粑辣椒

（1）材料：贵州花溪干辣椒、遵义干朝天椒、贵州干灯笼椒、生姜、大蒜、辣椒籽、盐、料酒等。

（2）做法：以选取的干辣椒为原料，洗净去柄，加等体积的清水煮制后沥干，添加大蒜、生姜、盐、料酒、辣椒籽等辅料，混匀后放入擂钵捣碎呈泥即可。

五、食用注意

（1）灯笼椒含有辣椒素，不宜一次食用过多，否则容易引发胃疼、腹泻、痔疮、疥疮等炎症。

（2）溃疡、食道炎、咳喘、咽喉肿痛、痔疮者应少食。

延伸阅读

争夺辣椒之王的故事

一天，红椒喊青椒、黄灯笼椒、朝天椒和魔鬼椒一起来聊一聊谁是辣椒之王。

红椒说："我一表人才，我才是辣椒之王！我一身又红又细，头上还戴了一个绿色而又帅气的帽子。"

青椒大声说："我不仅美，而且人一看到我就觉得有一股很辣的感觉。我的帽子和衣服都是绿色的，能诱惑一些喜欢吃辣椒的人。"

黄灯笼椒冷笑地说："我像金黄色灯笼，一看就有大王的福气。你们想想，金牌、奖杯都是金色的，金黄色是胜利的象征。我肯定是辣椒之王。"

朝天椒毫不示弱地说："红椒比青椒辣，黄灯笼椒比红椒辣，而我朝天椒比黄灯笼椒更辣，所以我做辣椒之王再合适不过了。"

魔鬼椒大发雷霆地说："哼！高手总是最后出手的，就你们那小样，还敢跟我魔鬼椒争夺辣椒之王的位置，如果你们不服气，那我们就找人类来吃吃，看谁更辣，你们敢不敢？"红椒、青椒、黄灯笼椒和朝天椒异口同声地说："敢！"

比赛开始了，第一个人吃青椒，他喝了一瓶水。第二个人吃红椒，喝了两瓶水。第三个人吃黄灯笼椒，喝了四瓶水。第四个人吃朝天椒，喝了七瓶水。第五个人吃魔鬼椒，喝了十瓶水。比赛结束后，魔鬼椒成了辣椒中的王者，从此，红椒、青椒、黄灯笼椒和朝天椒都效忠于魔鬼椒。

羊角椒

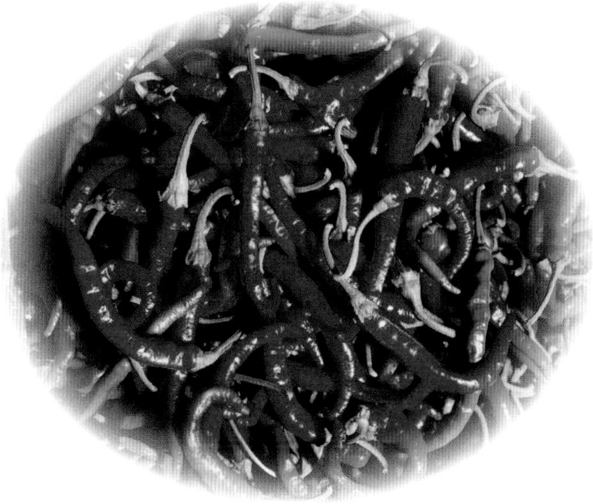

形似羊角命椒名，品分粗角普道型。
粗角带钩品质美，色泽深红光亮鲜。

——《羊角椒》（现代）黄浩东

一、物种本源

拉丁文名称，种属名

羊角椒为茄科辣椒属辣椒（*Capsicam annuum* L.）的一种，状似羊角，又称鸡泽辣椒等。

形态特征

羊角椒果实未成熟时呈黄绿色，成熟后转红色，因色泽紫红、光滑、细长、尖上带钩、状似羊角而得名。羊角椒皮薄、肉厚、色鲜、味香、辣度适中，富含辣椒素和维生素C。

习性，生长环境

《鸡泽县志》记载，隋朝时鸡泽县就种植羊角椒。鸡泽县为冲洪积平原地貌形态，地势宽广平坦，起伏很小，地势由西南向东北缓慢倾斜。海拔高程在35米至40米之间。鸡泽县地属暖温带半湿润半干旱大陆性季风气候区，春季干旱多风，夏季炎热多雨，秋季温和凉爽，冬季寒冷少雪，具有四季分明、气候适中的特点，年平均降水量约495.8毫米，降水总量约1.7亿立方米，适宜鸡泽辣椒即羊角椒的种植。

二、营养及成分

羊角椒中含有维生素C、磷、钙、铁、胡萝卜素等营养物质。每100克羊角椒的部分营养成分见下表所列。

维生素C	161.5毫克
磷	40毫克

钙	12毫克
铁	0.8毫克
胡萝卜素	0.7毫克

三、食材功能

性味 味辛，性热。

归经 归脾、胃、肝、大肠经。

功能

（1）健胃，助消化。羊角椒中的辣椒素对口腔及胃肠道有刺激作用，可增强肠胃蠕动，促进消化液的分泌，改善食欲。

（2）预防胆结石，降低胆固醇。羊角椒富含维生素，尤其是维生素C，能使体内多余的胆固醇转变为胆汁酸，从而预防胆结石。

（3）改善心脏功能。羊角椒配以大蒜、山楂的提取物及维生素E，食用后能改善心脏功能，促进血液循环。此外，经常食用辣椒可降低血脂，减少血栓形成，对心血管系统疾病有一定的预防作用。

（4）降血糖。研究表明，辣椒素还能使胰岛素分泌增加，降低血糖，从而缓解糖尿病患者的病情。

（5）减肥、美容作用。辣椒素可扩张血管，刺激体内生热系统，有效地燃烧体内的脂肪，加快新陈代谢，使体内的热量消耗速度加快，从而达到减肥的效果。其还能促进激素分泌，有美容的作用。

（6）抗氧化。辣椒碱对不同自由基诱导的生物大分子氧化损伤有显著的保护作用，其保护作用在一定浓度范围内与辣椒碱浓度呈正相关。

四、烹饪与加工

羊角椒炒肉片

（1）材料：羊角椒、肉片、葱、盐、淀粉、油、姜、味精等。

（2）做法：肉片放入水中浸泡10分钟，然后放入少许盐腌制一下，放入淀粉拌匀，让肉片吸收水分，热油炒肉片，炒一会儿后捞出备用。留锅中油，放入葱、姜片翻炒片刻，放入羊角椒翻炒，然后放入肉片，加入适量盐翻炒片刻加入味精调味。

羊角椒炒肉片

羊角椒炒鸡蛋

（1）材料：羊角椒、鸡蛋、盐、油、姜等。

羊角椒炒鸡蛋

（2）做法：羊角椒洗净，切成小块。鸡蛋打入碗中，加适量盐、少许清水搅散。炒锅加热，加入适量油，油热倒入蛋液，用筷子不停地划散成碎丁状，炒熟盛出待用。炒锅加热，加入适量油，加入姜末、羊角椒翻炒，再把炒熟的鸡蛋倒入锅里，与羊角椒一起略微翻炒即可。

五、食用注意

（1）患有心脑血管疾病、高血压、慢性气管炎、肺结核的人不能食用羊角椒，因为辣椒素会增加循环血量，使心跳加快，若短期内大量食用，可致急性心力衰竭、心脏猝死，即使没发生意外，也会阻碍原有的心脑血管病及肺内病变的康复。

（2）患有慢性胃炎、胃溃疡的病人不能食用羊角椒，因为辣椒素的刺激，黏膜会充血水肿、糜烂，胃肠蠕动剧增，将会引起腹痛、腹泻等症状，亦会影响消化功能的恢复。

（3）痔疮患者、眼病患者、慢性胆囊炎患者、热症者、产妇等均不宜食用羊角椒。

延伸阅读

抗疫能手

羊角椒历史悠久，原名“秦椒”。相传秦代瘟疫流行，多人丧生，而常食秦椒者都免受其害，人们便发现它有防疾除病的功效，便将其移植田间种植。据记载，6世纪中叶，辣椒经丝绸之路传入我国甘肃、陕西等地。隋大业年间，山东梁建生、梁建成兄弟二人开始在鸡泽小梁庄种植辣椒。

628年，鸡泽瘟疫流行，人畜伤亡惨重，但小梁庄无人传染，据说是当地人常食用辣椒的原因。大疫过后，人们到小梁庄讨要辣椒种子，辣椒种植开始普及。

明万历年间，鸡泽县东双塔村的宦官贯桂购买上等辣椒送入御膳房作调料，鸡泽辣椒因此成为皇宫主要调料之一。

清朝，御膳房对所有调料都进行了调整，鸡泽辣椒用量不但没减反而大增，还被定为专项贡品。从此鸡泽辣椒种植面积越来越广。

在很多地方，人们除食用辣椒防病外，还把辣椒视为吉祥的象征。乡民们每每修房建屋时都要在梁上或门前挂上一串辣椒，以示入住后家庭红红火火、人丁兴旺；姑娘们出嫁上轿时手里也都提一包红辣椒，转弯时就要向外抛辣椒，以示吉祥。

茄

紫头青项背如龟，青不青兮紫不绯。
仔细看来茄子色，更兼腿大最为奇。

——《论紫青色》（宋）贾似道

一、物种本源

拉丁文名称，种属名

茄（*Solanum melongena* L.），为茄科茄属植物，又称吊菜子、落苏等。

形态特征

茄生长旺盛，植株的高度一般为90～100厘米，茎呈黑紫色，叶子呈浅绿色，背面呈椭圆形。果实呈长条状或圆形，有光泽，皮紫色或白色等，厚实。果肉柔软，呈白色，品质优良，后期果实不易变形，收获期最长为6个月以上。

习性，生长环境

茄耐高温，抗寒性一般。生长旺盛，耐热和耐湿，并能抵抗各种疾病。特别适合于夏季和秋季种植。全国各地均有栽培。

二、营养及成分

茄中含有碳水化合物、膳食纤维、蛋白质、脂肪、钾、钙、叶酸、磷、维生素C等营养物质。每100克茄的部分营养成分见下表所列。

碳水化合物	4克
膳食纤维	1.3克
蛋白质	0.8克
脂肪	0.3克
钾	0.2克
钙	32毫克

叶酸	19毫克
磷	19毫克
维生素C	8毫克
维生素E	1毫克

三、食材功能

性味 味甘，性凉。

归经 归脾、胃、大肠经。

功能

（1）防治心血管疾病。茄子是心血管病人的食疗佳品，尤其是动脉硬化症、高血压、冠心病患者。

（2）抗氧化、抗炎。经常吃茄子对慢性胃炎、痛经和肾炎水肿等也有一定食疗作用。紫色茄子中富含花色苷，花色苷在抗氧化、抗血管生成、保护细胞DNA不受损伤和抗病毒方面具有一定活性。

四、烹饪与加工

肉末茄条

（1）材料：茄子、猪肉、盐、青椒、红椒、葱、姜、蒜、油、生抽、老抽、料酒、淀粉等。

（2）做法：将茄子切成条，放入盆中，加入少许盐，腌制10分钟，将腌制出的水倒出。将青椒、红椒切成条，猪肉切成末，将葱、姜、蒜切碎。锅加油烧热，倒入腌制好的茄

肉末茄条

子，翻炒至变软，盛出待用。锅内添加少许油，烧热，倒入肉末翻炒至变白。放入葱、姜末炒香。淋入生抽、老抽、料酒，将肉末翻炒上色，放入青椒、红椒翻炒均匀。放入茄子翻炒均匀，加入半碗水，烧开，煮5分钟，将茄子烧制入味。淋入适量水、淀粉勾芡，加热至汤汁变得黏稠，关火。撒上蒜末，拌匀即可，盛出装盘。

香辣茄干

（1）材料：茄子、盐、红辣椒、豆皮等。

（2）做法：选用个大、肥嫩、肉质细、无病虫害、无腐烂的新鲜茄子作为原料，切去果柄，洗净，在锅中将茄子煮成深褐色、柔软、未熟透的状态捞出。将茄子切成3～4瓣，曝晒1天，然后按照每100千克茄子加5千克盐的比例进行腌制。再晒2～3天，中间每隔4小时翻动一次，晒好后再泡水、再晒。然后按100千克茄子加2千克盐、15～20千克腌过的红辣椒（切丁）、35～40千克豆皮的比例，混拌均匀即可。

鱼香茄子

（1）材料：茄子、淀粉、油、豆瓣酱、鱼香汁、葱等。

鱼香茄子

（2）做法：选择成熟度适宜、形体均匀、肉质肥厚的紫茄子，洗净，去皮，切成大小均匀一致的茄子条。茄子条裹上淀粉，在180℃的油锅中炸90秒，直至金黄，捞出、沥油并晾凉。撒上豆瓣酱，加入鱼香汁并勾芡。开锅后加入湿淀粉，倒入茄子条，翻炒均匀后出锅，撒上葱花即可。

五、食用注意

（1）体弱胃寒的人不宜多食，也不宜生食。

（2）打过霜露的茄子中含有较高的生物碱，过量的生物碱对正常人的身体有害，过多食用可能会出现恶心、呕吐、腹泻等症状。

（3）茄子中纤维素含量高，是用于减肥的好产品，但是茄子内部结构存在大量的间隙，在烹饪过程中容易吸收油、盐等成分，故其虽然美味但不宜多食，可以选择蒸熟后调制，减少对脂肪、盐的摄入。

传说故事

惹茄容易退茄难

《笑林广记》上记载了这样一则故事，一位私塾先生，东家一日三餐给他吃的都是咸菜，而东家菜园中有许多长得又肥又嫩的茄子，却从来不给他吃。长此以往，他忍无可忍，终于题诗示意，曰：“东家茄子满园烂，不予先生供一餐。”不想从此以后，他顿顿吃茄子，连咸菜的影子也不见了。这位先生到底吃怕了，却又有苦说不出，只好续诗告饶：“不料一茄茄到底，惹茄容易退茄难。”可见茄子虽长得好看，味道却是一般，因此在烹调茄子的过程中，十分讲究厨艺。

香瓜茄

本草苹果香瓜茄，安第斯山原住家。
京农蔬研引进种，颜值可人口感佳。

——《香瓜茄》（现代）汪秋波

一、物种本源

拉丁文名称，种属名

香瓜茄（*Solanum muricatum* Aiton），为茄科茄属植物，又名人参果、香艳茄、香艳梨、凤果、长寿果、梨瓜、仙果、艳果等，是一种多年生草本植物。

形态特征

香瓜茄果肉风味独特，多汁，汁液清爽，成年株高为60~150厘米，茎基部木质化，茎节上易发生不定根。基部叶椭圆形，上部叶形如番茄，叶片生有绒毛。浆果呈卵圆形或圆锥形，成熟时果皮呈淡黄色，有些品种有紫色的条形斑纹，果肉呈浅乳黄色。种子呈浅黄色，似茄子种子。

习性，生长环境

香瓜茄植株既不抗寒，也不能忍受高温。植株在白天20~25℃、夜间8~15℃的环境下生长较好。在温度20℃左右结果，若温度不在10~25℃范围内，易发生落花落果，温度低于0℃时幼苗易冻伤死亡。果实成熟时期要求光照充足，否则成熟期延长，果实香味淡。植株对土壤要求不高，但在弱酸、中性土壤或者腐殖质较多的沙壤土中生长更好。

在我国主要种植于台湾、广东、广西、福建等地，属于热带名优水果。

二、营养及成分

香瓜茄中含有碳水化合物、蛋白质、膳食纤维、维生素C、钾、磷、钙等营养物质。每100克香瓜茄的部分营养成分见下表所列。

碳水化合物	5.5克
蛋白质	3.1克
膳食纤维	1.1克
维生素C	60毫克
钾	17毫克
磷	12毫克
钙	10毫克
镁	9毫克
钠	4毫克
维生素B_3	0.3毫克

三、食材功能

性味 味甘，性温。

归经 归脾、胃二经。

功能

（1）增加食欲。香瓜茄清香多汁，果实酸度低，具有增加食欲的作用，还可以加强肠胃的吸收功能，是不错的饭前开胃蔬菜或水果。

（2）生津止渴。香瓜茄内含有大量汁液，可以缓解口渴。在天气炎热的夏季、干燥的环境下或者饭后油腻时都可以通过鲜食香瓜茄或者喝香瓜茄饮料来生津止渴。

（3）美容养颜。香瓜茄中的多糖具有较好的抗氧化效果，且汁液具有淡雅的香瓜香味，富含大量的硒元素和钙元素，通过食用香瓜茄可以起到补钙及美容的效果。

（4）保护心血管。香瓜茄所富含的硒、钴为人体必需的微量元素。有机硒可以改善人体免疫力，维持机体正常的生理功能，激活人体细胞，保护心血管等脏器。钴也能起到预防冠心病的作用。

（5）改善神经衰弱。常吃香瓜茄还能改善神经衰弱、失眠、头昏等症状。

（6）增强免疫力。香瓜茄所含的维生素、硒具有增强免疫力的作用。

（7）抗衰老作用。高蛋白质含量是香瓜茄的主要特点之一。蛋白质由氨基酸组成，而香瓜茄所含的各种氨基酸比例与人体所需氨基酸基本相符，食之容易被人体吸收利用，所以非常健康且具有延缓衰老的作用。

四、烹饪与加工

凉拌香瓜茄

（1）材料：香瓜茄、调料等。

（2）做法：香瓜茄洗净，切片于盆中，再加入各种调料，拌匀即可。

香瓜茄沙拉

（1）材料：香瓜茄、白醋、盐、胡萝卜、沙拉酱等。

（2）做法：香瓜茄切条，用少量白醋、盐稍腌制，可加少量胡萝卜片，拌匀浇上沙拉酱即成。

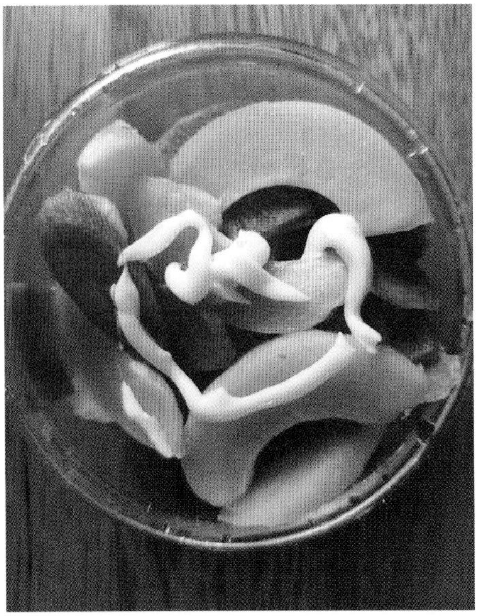

香瓜茄沙拉

香瓜茄炒肉片

（1）材料：香瓜茄、肉、淀粉、油、盐、鸡精等。

（2）做法：肉片少许，用淀粉抓匀，炒锅加入热油，将肉片炒熟，再放香瓜茄片略炒，加盐、鸡精即可。

香瓜茄炒鸡蛋

（1）材料：香瓜茄、鸡蛋、葱、味精、油等。

（2）做法：鸡蛋打入碗内拌匀，入油锅，加入葱花炒成小块，加入香瓜茄炒至入味，放入味精，出锅即可。

五、食用注意

香瓜茄高钾低钠，高钾病人或者肾功能不全者不宜多食。

传说故事

孙悟空偷人参果

唐僧师徒路过万寿山五庄观，借宿观内。观主镇元大仙外出听经，只留得两个童子，并嘱咐他们以人参果款待唐僧。唐僧见果害怕不敢吃，两童子便吃了。八戒恰巧窥见，就怂恿孙悟空到后园偷果。悟空偷得三枚人参果，与两师弟分吃，事情却败露了，被童子问责。因不愿连累师父受骂，悟空就承认了，结果两个童子不依不饶，惹怒悟空。悟空就到后园推倒果树，铲了灵根，并连夜与师父、师弟逃跑。

大仙回到观内，唤醒被催眠的童子，问明原委，就驾云捉拿唐僧师徒。几次欲鞭打唐僧，都被孙悟空拦下代刑。镇元大仙说："若不能医好果树灵根，你师徒定然难去西方取经。"悟空满口应承，并以三日为限，去寻医树的法子，可是东海三星、东华帝君都无妙方，悟空遂往南海向观音求救。观音菩萨来至观内，医好灵根，果实复旧。大仙十分高兴，设下人参果宴款待菩萨等人，并履行承诺，与孙悟空结为兄弟，唐僧师徒这才继续向西进发。

番茄

大如苹果映日红，小似樱桃别样种。
泊来佳蔬味虽美，难比鸡子炖小葱。

——《番茄》（现代）东门艳阳

一、物种本源

拉丁文名称，种属名

番茄（*Solanum Lycopersicum* L.），为茄科番茄属植物，也被称为西红柿、洋海椒、狼桃等，是一年生或多年生草本植物。

形态特征

番茄植株高0.6～2米，全体生黏质腺毛，有浓郁气味。茎易倒伏。叶为羽状复叶或羽状深裂，长为10～40厘米。小叶极不规则，大小不等，常为5～9枚，卵形或矩圆形，长为5～7厘米，边缘有不规则锯齿或裂片。浆果呈扁球状或近球状，肉质多汁液，种子呈黄色。

习性，生长环境

番茄是一种喜温性的植物，在正常条件下，同化作用适宜温度为20～25℃，根系生长适宜土温为20～22℃。喜光，也是短日照植物。喜水，一般以土壤湿度60%～80%、空气湿度45%～50%为宜。番茄对土壤条件要求不太严苛，在土层深厚、排水良好、富含有机质的肥沃壤土中生长良好。

番茄原产于南美洲，我国栽培番茄已有300多年的历史，目前全国各地均有栽培。

二、营养及成分

番茄中含有碳水化合物、蛋白质、膳食纤维、脂肪、钾、磷、维生素C、钙、镁、钠、维生素B_3等营养物质。每100克番茄的部分营养成分见下表所列。

碳水化合物	4.1克
蛋白质	0.8克
膳食纤维	0.5克
脂肪	0.3克
钾	0.1克
磷	23毫克
维生素C	19毫克
钙	10毫克
镁	9毫克
钠	5毫克
维生素B_3	0.6毫克
铁	0.4毫克

三、食材功能

性味 味甘，性微凉。

归经 归脾、胃、肾经。

功能

（1）抗氧化活性。番茄提取物作为一种天然抗氧化剂，可保护人体免受自由基和单线态氧的伤害。大量研究表明，番茄中的番茄红素可以清除体内的反应态氧和过剩的自由基，具有较好的抗氧化活性。

（2）抗心血管疾病。研究表明，人血中番茄红素含量越高，心血管疾病的发生率越低，两者呈现负相关的关系。长期摄入番茄红素可以降低血清中的血脂水平，降低患高血脂与心血管疾病的发生概率。番茄中的抗氧化剂类黄酮的含量较高，类黄酮具有降血压、降血脂、增加冠脉血流量等功能。番茄红素通过改善人体的抗氧化特性，防止人体的DNA链断裂和脂蛋白氧化，减缓肝脏的脂质过氧化作用，从而减少肝脏脂肪的累积，减缓动脉粥样硬化的发生，保护心血管系统。B族维生素在番茄汁中含量较丰富，可保护血管，防治高血压。番茄中的纤维可与机体生物盐（由胆固醇产生）相联结，并通过消化系统排出体外。

（3）促进消化。番茄汁中的多种酸如柠檬酸、苹果酸和糖类具有促进消化的作用。番茄汁中番茄素对若干种细菌有抑制作用，还能够帮助消化。

（4）美容养颜。番茄中的番茄红素可以防止由紫外线引起的皮肤细胞和组织的辐射损伤，并且可以起到保护皮肤和美颜抗衰的作用。番茄中富含维生素C，它可以减少或消除皮肤色素沉着。番茄中的谷胱甘肽可以抑制酪氨酸酶活性，使机体沉着色素减退消失，有防衰老、美容的作用。

四、烹饪与加工

番茄炒鸡蛋

番茄炒鸡蛋

（1）材料：番茄、鸡蛋、油、盐、葱等。

（2）做法：把鸡蛋打入碗中，搅拌，使蛋黄、蛋清均匀混合。番茄洗净，切成片状，待用。把锅预热，加入油，油烧热后，把准备好的鸡蛋放入锅中，翻炒，炒熟后装盘待用。另起锅，加入油，油热后，加入番茄，放入盐，继续翻炒，番茄变软流汁时，放入之前炒好的鸡蛋，继续翻炒一会儿，撒入葱花，起锅即可。

番茄大枣汤

（1）材料：番茄、枣、玉米粉、白砂糖等。

（2）做法：先将大枣洗净。番茄用沸水烫过后去皮，切成块状备用。取锅加适量的水，放入大枣、番茄，煮沸后改用小火煮约20分钟。把玉米粉调成稀糊，倒在锅里面，加入白砂糖搅匀，即可食用。

番茄酱

选用新鲜番茄，用比例为1∶2∶1的植物乳杆菌、嗜酸乳杆菌、凝结芽孢杆菌在发酵温度28℃、发酵时间30天、接种量1.8%的条件下发酵，可以得到有机酸含量高于自然发酵，成品色泽新鲜、香气浓郁、回味醇厚的番茄酱。

番茄蛋汤

（1）材料：番茄、鸡蛋、淀粉、食盐、鸡精、香油、葱等。

（2）做法：首先将番茄切块、鸡蛋搅打均匀、淀粉勾芡、葱切段，水烧开后加入番茄块，再加勾芡的淀粉，水开后快速加入鸡蛋搅拌，蛋花起来后加入食盐、鸡精、香油、葱段调味，出锅，冷却后食用。

番茄酱

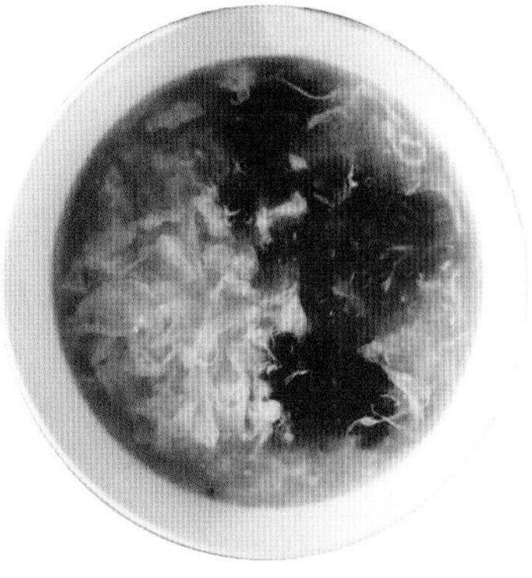

番茄蛋汤

五、食用注意

（1）青番茄不可食用，内含大量龙葵素，会造成急性食物中毒。

（2）便溏者不宜多食番茄。

（3）急性肠炎、菌痢和溃疡患者不宜食用番茄。

（4）肠胃湿热人群应少食或不食番茄。

延伸阅读

番茄在我国的发展史

番茄大约在明代万历年间传至我国。

第一个记载番茄的文献见于明代赵蝈的《植品》，赵蝈在书中提到，番茄是西洋传教士在稍早的万历年间和向日葵一起带到中国来的。《二如亭群芳谱》记载："一名六月柿，茎似蒿。高四五尺，叶似艾，花似榴，一枝结五实或三四实……来自西番，故名。"

在历史上，中国人对境外传入的事物都习惯加"番"字，故名"番茄"。同时，因番茄酷似柿子，颜色是红的，来自西方，所以又有"西红柿"的名号。

番茄于明朝时传入我国，但是到清朝末期人们才开始食用番茄，那时的番茄价格非常昂贵，只有富人才吃得起。现在，番茄不仅成为老百姓生活中必不可少的一种食物，更是融入南北各大菜系中，深受大家的喜爱。

樱桃番茄

樱桃番茄鲜红果，阳、晒、露台栽培多。
降压通便解口干，熟果榨汁童喜欢。

——《圣女果》（现代）欧阳佳成

一、物种本源

拉丁文名称，种属名

樱桃番茄（*Lycopersicon esculentum* var. *cerasiforme* A. Gray），别名圣女果等，可作为蔬菜和水果食用。它是茄科番茄属一年生草本植物，由于外观与樱桃相似，因此被称为樱桃番茄。

形态特征

圣女果整个果实都是鲜红色的，果实通常是长圆形的，顶部略细，底部有绿色的叶子。果实很小，直径为1～2厘米，长为2～3厘米，外皮稍厚，种子呈黄绿色。

习性，生长环境

圣女果适应性强，抗性好。空气相对湿度以45%～50%为宜，种子发芽的最佳温度为25～30℃，生长期温度为20～25℃，结果期温度为15～25℃。圣女果喜爱阳光，水分前期少后期多，可施用钾肥促进其生长，最好是把种子种在土层深厚的土壤中。

圣女果原产于美洲的安第斯山脉，最初是由欧洲人带回欧洲种植的，后来被引入我国，并在海南、广西、广东等地种植。在我国一年四季均可栽培。因其外观玲珑可爱、含糖度很高、口味香甜鲜美、风味独特而广受消费者喜爱。现在国内有通过杂交获得的千禧樱桃小番茄，也叫作千禧果，千禧果果肉的外表皮相较于圣女果更薄一些，汁水也更多，甜度比圣女果高，酸涩感几乎没有，更适合怕酸的人群食用。但两者的味道相差不大，营养成分也几乎相同。

二、营养及成分

圣女果中含有碳水化合物、膳食纤维、蛋白质、钾、脂肪、维生素

C、磷、镁、钙、钠、维生素B_3、维生素E、铁等营养物质。每100克圣女果的部分营养成分见下表所列。

碳水化合物	2.2克
膳食纤维	1.7克
蛋白质	0.5克
钾	0.2克
脂肪	0.2克
维生素C	28毫克
磷	25毫克
镁	12毫克
钙	11毫克
钠	10毫克
维生素B_3	1.1毫克
维生素E	0.9毫克
铁	0.5毫克

三、食材功能

性味 味甘，性微寒。

归经 归脾、胃、肾经。

功能

（1）抗氧化活性。圣女果中含有的谷胱甘肽是一种抗衰老物质，可以增加人体抵抗力，延缓细胞衰老，从而延缓人体衰老。圣女果中还含有丰富的胡萝卜素以及维生素E、维生素C，可以清除自由基，具有很强的抗氧化能力。

（2）减肥作用。圣女果中含有人体所需的大部分营养物质，但脂肪含量比较少。圣女果还有润肠通便、清理肠道、促进体内新陈代谢的作用，食用圣女果有一定的减肥作用。

四、烹饪与加工

圣女果果酒

选用葡萄酒酵母，在酵母添加量为0.02%、二氧化硫浓度为70毫克/升，发酵温度为20℃、糖添加量为25%的条件下进行发酵即可得到圣女果果酒。

圣女果果汁

挑选成熟度适中、新鲜、无病虫害、无霉变、无腐烂的新鲜圣女果。清洗去皮后切片护色，然后榨汁过滤，即可得到圣女果果汁。

圣女果果脯

选择新鲜的圣女果，洗净，糖液浓度为40%，柠檬酸浓度为0.3%，采用65℃干燥10小时、50℃干燥10小时的间歇干燥方式得到的圣女果果脯品质较好。

圣女果果脯

五、食用注意

（1）不宜食用未成熟的绿色圣女果，因为绿色圣女果中含有大量有毒的番茄生物碱，食用后会出现恶心、呕吐、全身泛红等中毒症状。

（2）圣女果不宜长时间被高温加热，因为番茄红素在暴露于光、热和氧气的情况下容易分解，并失去保健作用。

（3）气虚、阳虚、阴虚者不宜食用。

（4）急性肠炎、痢疾和溃疡患者不宜食用。

传说故事

圣女果的传说

在很久以前，有一个靠近大山的小村庄，里面住着一对善良的夫妇，他们一直没有孩子，于是十分诚恳地祈求上帝能够赐给他们一个孩子。终于，那对夫妇有了一个孩子，是一个女孩，名叫圣女。圣女在那对善良夫妇的熏陶之下，长成了一位既漂亮又聪明的少女。

一天，圣女待在家里感觉很闷，便想走出去欣赏外面世界的美丽。圣女不知不觉走进一片树林里，她蓦然发现一块石雕上镶嵌着一枚耀眼的红宝石。她好奇地走上去，拿出红宝石。就在这一瞬间，石雕变成了一位仙女。仙女看着圣女手中的红宝石，惊讶到："不可思议啊，你能拿出红宝石！你要保护你的村庄啊！村庄后的那座大山里头有一个火怪，它巨大而又凶猛无比，曾残杀过许多人。我的法力小，只能把它封印在山中。它近日可能会出来，你用红宝石化成的太阳之杖降伏它，千万小心，孩子！"说完，仙女消失了，圣女手中的红宝石变成了太阳之杖。

这天，圣女担心的事情发生了。火怪从山里跑出来，村里人急忙疏散，慌慌张张地逃走了，圣女的父母不幸被火怪喷出的火焰击中身亡，还好圣女身手敏捷才逃过此难。圣女失去了从小哺育她、疼爱她的父母，十分难过。她一头冲向火怪，用太阳之杖消灭了火怪。此时的圣女，已经毫无力气，扑倒在地牺牲了。圣女的血液与那枚红宝石凝结在一起，化成了一株长满了红色果子的树，咬一口这果子，果子的汁流出来，仿佛鲜红的血液一般，这就是圣女果。

参考文献

[1] 陈寿宏. 中华食材 [M]. 合肥：合肥工业大学出版社，2016：239–281.

[2] 李嘉. 冬瓜皮中活性物质提取分离及功能特性研究 [D]. 郑州：河南农业大学，2017.

[3] PUROHIT P，PALAMTHODI S，LELE S S. Effect of karwanda（*Carissa congesta Wight*）and sugar addition on physicochemical characteristics of ash gourd（*Benincasa hispida*）and bottle gourd（*Lagenaria siceraria*）based beverages [J]. Journal of Food Science and Technology，2019，56（2）：1037–1045.

[4] 陈勇，刘政国，唐小付，等. 节瓜营养品质性状间的遗传相关分析 [J]. 广西农学报，2017，32（6）：28–30，63.

[5] 冯敏，肖正璐，张红霞，等. 佛手瓜的营养成分及开发利用 [J]. 现代园艺，2018（1）：49–50.

[6] 石彬，李咏富，何扬波，等. 佛手瓜凝固型酸奶制作工艺优化 [J]. 食品安全质量检测学报，2019，10（2）：344–350.

[7] 阿力木江·阿不力孜，斯坎达尔·买合木提，赛福丁·阿不拉，等. 葫芦粗多糖对小鼠红细胞及细胞因子免疫功能的影响 [J]. 黑龙江畜牧兽医，2015（9）：179–181.

[8] 马淑梅，王娟，周雪，等. 瓠子乙醚提取物的体外抗肿瘤作用 [J]. 世界

临床药物，2013，34（5）：289-291，301.

［9］施兴凤，李琼，李学辉，等. 黄瓜黄酮类化合物的抗氧化作用［J］. 食品研究与开发，2010，31（3）：85-86.

［10］何念武，杨兴斌，田灵敏，等. 黄瓜多糖的体外抗氧化活性［J］. 食品科学，2011，32（19）：70-74.

［11］卢志广. 金瓜（华莱士）脯、哈密瓜脯、白兰瓜脯加工方法：CN91105472.3［P］. 1993-02-24.

［12］张德纯. 越瓜［J］. 中国蔬菜，2008（8）：58.

［13］张德纯. 菜瓜［J］. 中国蔬菜，2008（9）：63.

［14］王琪，邓媛元，张名位，等. 苦瓜皂苷和多糖的连续提取工艺及其对α-葡萄糖苷酶的抑制作用［J］. 中国农业科学，2011，44（19）：4058-4065.

［15］陈敬鑫，张子沛，罗金凤，等. 苦瓜保健功能的研究进展［J］. 食品科学，2012，33（1）：271-275.

［16］屈玮，陈彦光，吴祖强，等. 苦瓜提取物抑制3T3-L1脂肪细胞脂肪沉积研究［J］. 食品科学，2014，35（5）：188-192.

［17］张悦晨，谭舒，朱文艳，等. 瓜蒌在心血管疾病应用的研究进展［J］. 世界最新医学信息文摘，2019，19（52）：47-48.

［18］杜与江，谢永平，杨碧兰，等. 观赏蔬菜蛇瓜冬季大棚栽培技术［J］. 上海蔬菜，2018（3）：73-74，88.

［19］黄河勋，周向阳，林毓娥，等. 中国南瓜新品种香蜜小南瓜的选育［J］. 中国瓜菜，2011，24（2）：21-22.

［20］王露露，张晶. 南瓜的化学成分及开发利用的研究进展［J］. 北方园艺，2014（21）：192-198.

［21］张琳，李丽芳. 南瓜糖蛋白的提取分离及降糖作用的研究［J］. 粮食与食品工业，2018，25（5）：44-48.

［22］陈玲. 南瓜多糖及其衍生物的制备与抗氧化活性研究［D］. 重庆：重庆师范大学，2019.

［23］李文君，吕思龙，黄倩，等. 6个西葫芦新品种的营养品质评价试验［J］. 北京农学院学报，2021，36（1）：79-82.

［24］JINGYI LIANG，FAN GUO，SHIFENG CAO，et al. γ- aminobutyric acid

(GABA) alleviated oxidative damage and programmed cell death in fresh-cut pumpkins [J]. Plant Physiology and Biochemistry，2022，180：9-16.

[25] 王卫东. 天然粉丝——搅瓜 [J]. 农产品加工，2012（8）：20-21.

[26] 李虹，朱爱萍，朱忠南，等. 金瓜不同产地营养成分与加工特性评价 [J]. 农产品加工，2017（15）：38-39，43.

[27] 刘春杰，董立珉，郑亚萍，等. 丝瓜提取物对$A_{\beta25-35}$诱导的PC12细胞损伤的保护性研究 [J]. 食品研究与开发，2016，37（1）：23-25.

[28] 刁全平，侯冬岩，郭华，等. 丝瓜皮黄酮的提取及抗氧化性分析 [J]. 鞍山师范学院学报，2017，19（2）：36-40.

[29] 梁嘉伟，佘炜敏，姚钰玲，等. 生物有机肥对土壤质量及蔬菜产量的影响 [J]. 生态环境学报，2022，31（3）：497-503.

[30] 苏雪娇，张秀娟，常维娜，等. 凉薯（*Pachyrrhizus erosus* L.）块茎的营养品质分析 [J]. 食品工业科技，2013，34（19）：349-351，363.

[31] 朱仁威，潘明英，李水梅，等. 凉薯营养成分及其淀粉的理化特性的测定与分析 [J]. 安徽农学通报，2019，25（19）：9-11.

[32] 买买提江·吐尔逊，艾沙江·阿不都沙拉木，阿曼古丽·依马木山. 刺山柑在吐鲁番地区维吾尔族民间药用价值研究 [J]. 云南民族大学学报（自然科学版），2015，24（2）：156-159.

[33] 柳雨亭，孙羽亭，程雪梅，等. 刺山柑的化学成分与药理作用研究进展 [J]. 世界科学技术-中医药现代化，2019，21（12）：2599-2608.

[34] 买地哪木·色迪克，李俊，王梅. 刺山柑化学成分及其功能性的研究进展 [J]. 食品安全质量检测学报，2019，10（18）：6165-6170.

[35] 余惠江. 盆栽观果佳品——五色椒 [J]. 中国花卉盆景，2009（11）：13.

[36] 李品汉. 观赏、鲜食辣椒良种——小米辣 [J]. 农村百事通，2007（21）：33，85.

[37] 段宙位，窦志浩，张容鹄，等. 黄灯笼椒中高纯度辣椒碱类化合物的制备研究 [J]. 食品工业科技，2014，35（12）：277-281，286.

[38] 颜秀娟，何鑫，王学梅，等. 宁夏地区优质羊角椒适应性栽培研究 [J]. 安徽农业科学，2019，47（19）：36-37，42.

[39] 邹瑾，刘巧灵，尹进. 川椒丸体外抑菌实验影响的研究 [J]. 中华中医药

学刊，2009，27（9）：1930-1931.

[40] 宋剑涛，杨薇，高健生，等. 川椒在变应性疾病中的应用［J］. 四川中医，2010，28（3）：42-43.

[41] 刘向前，冯爱国，李春艳. 辣椒营养成分开发利用研究进展［J］. 农业工程，2013，3（1）：48-51.

[42] 徐桂红. 再生水滴灌对辣椒和番茄生长、产量和品质的影响［D］. 银川：宁夏大学，2019.

[43] 吴昭庆，黄秋红，杨欣，等. 贵州糍粑辣椒的制作工艺［J］. 现代食品科技，2020，36（1）：235-241，149.

[44] 任朝辉，廖卫琴，周安韦，等. 不同朝天椒品种资源营养品质分析［J］. 种子，2020，39（6）：72-75.

[45] 张映，赵悦琪，陈钰辉，等. 茄子紫色形成的分子研究进展［J］. 园艺学报，2019，46（9）：1779-1796.

[46] 赵婧，党梦瑶，王铂铮，等. 香瓜茄的养生保健价值分析［J］. 宁夏农林科技，2013，54（3）：123-124.

[47] 康彦芳，李响，孙皓，等. 番茄红素提取工艺的研究［J］. 食品研究与开发，2011，32（10）：54-56.

[48] 杨晓莉，李应彪，王陈强. 响应面法对番茄丁罐头成形稳定性工艺的优化［J］. 食品工业，2014，35（8）：55-58.

[49] 赵斌. 超高压番茄汁加工、贮藏和体外消化性研究［D］. 合肥：合肥工业大学，2015.

[50] 牟琴. 发酵番茄酱工艺及保藏研究［D］. 贵阳：贵州大学，2019.

[51] 张臻，李玉兰，曾维丽. 樱桃番茄果脯加工工艺优化研究［J］. 现代食品，2017（9）：71-74.

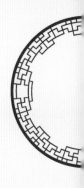

图书在版编目（CIP）数据

中华传统食材丛书.瓜茄卷/董增，慈傲特主编.—合肥：合肥工业大学出版社，2022.8

ISBN 978-7-5650-5116-6

Ⅰ.①中… Ⅱ.①董… ②慈… Ⅲ.①烹饪—原料—介绍—中国 Ⅳ.①TS972.111

中国版本图书馆CIP数据核字（2022）第157800号

中华传统食材丛书·瓜茄卷

ZHONGHUA CHUANTONG SHICAI CONGSHU GUAQIE JUAN

董　增　慈傲特　主编

项目负责人	王　磊　陆向军
责任编辑	汪　钵
责任印制	程玉平　张　芹
出　　版	合肥工业大学出版社
地　　址	（230009）合肥市屯溪路193号
网　　址	www.hfutpress.com.cn
电　　话	理工图书出版中心：0551-62903004 营销与储运管理中心：0551-62903198
开　　本	710毫米×1010毫米　1/16
印　　张	12　**字　数**　167千字
版　　次	2022年8月第1版
印　　次	2022年8月第1次印刷
印　　刷	安徽联众印刷有限公司
发　　行	全国新华书店
书　　号	ISBN 978-7-5650-5116-6
定　　价	106.00元